TEACHING MATERIALS
FOR COLLEGE STUDENTS

高等学校教材

电力工程课程设计

王艳松　主编

中国石油大学出版社
CHINA UNIVERSITY OF PETROLEUM PRESS
山东·青岛

图书在版编目(CIP)数据

电力工程课程设计 / 王艳松主编. --青岛：中国石油大学出版社,2016.9(2022.7重印)

ISBN 978-7-5636-5341-6

Ⅰ.①电… Ⅱ.①王… Ⅲ.①电力工程－课程设计 Ⅳ.①TM7

中国版本图书馆 CIP 数据核字(2016)第 216555 号

中国石油大学(华东)规划教材

书　　　名：电力工程课程设计
　　　　　　DIANLI GONGCHENG KECHENG SHEJI
作　　　者：王艳松
责 任 编 辑：高　颖（电话　0532-86983568）
封 面 设 计：赵志勇
出　版　者：中国石油大学出版社
　　　　　　（地址：山东省青岛市黄岛区长江西路66号　邮编：266580）
网　　　址：http://cbs.upc.edu.cn
电 子 邮 箱：shiyoujiaoyu@126.com
排　版　者：青岛天舒常青文化传媒有限公司
印　刷　者：泰安市成辉印刷有限公司
发　行　者：中国石油大学出版社（电话　0532-86983437）
开　　　本：787 mm×1 092 mm　1/16
印　　　张：12
字　　　数：294 千字
版 印　次：2016 年 10 月第 1 版　2022 年 7 月第 2 次印刷
书　　　号：ISBN 978-7-5636-5341-6
定　　　价：28.00 元

前言 Preface

"电力工程课程设计"是在"电力工程"之后开设的一门实践教学课程,要求学生以电力工程必修课理论知识为基础,拓展供配电设计所需的专业知识,掌握电力行业的设计标准和规范,对变电所和供配电系统的电气部分进行初步设计,并掌握 AutoCAD 在电气设计中的基本应用,进行电气主接线的绘制。

针对学生进行课程设计的实践教材较少,设计实例和设计资料缺乏的问题,作者编写了本书,合理构建了变电所电气部分初步设计所需的知识体系。全书系统介绍了变电所电气部分初步设计的任务、内容和基本要求,以及相关电气标准和图形符号,电气主接线方案设计,负荷计算和无功功率补偿,短路电流的计算,高低压电气设备选择,变电所主要电气设备继电保护的配置和整定等各设计环节的知识。《电力工程课程设计》教材和《电力工程基础》教材在知识体系上进行了无缝对接,其中的电力知识相辅相成。本书对《电力工程基础》教材中已有的内容如短路电流计算方法、电气设备继电保护整定计算等,从设计应用的角度进行了知识点的梳理和简明汇总;对《电力工程基础》教材中没有的内容如电气主接线的设计、负荷计算与无功功率补偿、限制短路电流的措施和电气设备的选择等,从学生易于自学的角度进行了知识点的说明和详细阐述。本书给出了变电所电气部分初步设计实例,同时结合工程实践资料汇编了 18 个 6～220 kV 变电所设计题目,并以附录形式给出了部分变压器、导线、开关等电气设备的技术参数和型号,供变电所电气设备选择。为了满足学生进行电力工程课程设计的知识需求,本书还设有配套网站,提供应用 AutoCAD 绘制主接线的学习资料、变电所和供配电网相关的设计规范及标准、主接线图纸示例等。

中国石油大学(华东)王艳松教授任本书主编,并负责全书统稿工作。全书共分8章,其中第1到第5章、第7和第8章、附录由王艳松编写,第6章由王永军编写。在本书的编写过程中,得到了课程教学组其他老师的支持和帮助,在此表示衷心的感谢。同时,也向本书所引用参考资料的作者表示感谢。

由于作者水平有限,书中不妥之处在所难免,恳请广大读者批评指正。

作　者

2016 年 8 月

目录 Contents

第1章 电力工程设计的基本内容及要求 ………………………………………… 1
  1.1 发输变电工程设计阶段的主要工作内容 ……………………………… 1
  1.2 供配电工程设计阶段的主要工作内容 ………………………………… 3
  1.3 供配电设计的规范和标准 ……………………………………………… 7
  1.4 供配电工程设计原始资料的搜集 ……………………………………… 9
  1.5 电力工程设计方案审核的基本要求 …………………………………… 9
  1.6 电气常用图形符号和文字符号 ………………………………………… 10

第2章 变/配电所电气主接线设计 ……………………………………………… 15
  2.1 供配电系统电压的选择 ………………………………………………… 15
  2.2 变电所位置的确定 ……………………………………………………… 16
  2.3 电力变压器的选择 ……………………………………………………… 19
  2.4 中性点接地方式和接地装置的选择 …………………………………… 22
  2.5 变/配电所电气主接线的设计 …………………………………………… 26
  2.6 配电系统接线方式的选择 ……………………………………………… 33
  2.7 供配电系统方案的技术经济比较 ……………………………………… 38

第3章 负荷计算与无功功率补偿 ……………………………………………… 43
  3.1 设备容量 ………………………………………………………………… 43
  3.2 负荷计算方法 …………………………………………………………… 45
  3.3 变/配电所的无功功率补偿 ……………………………………………… 51
  3.4 供配电系统的负荷计算 ………………………………………………… 55
  3.5 尖峰电流的计算 ………………………………………………………… 58

第4章 供配电系统短路电流的计算 ·············· 60
4.1 高压系统的短路电流计算 ·············· 60
4.2 低压电网的短路电流计算 ·············· 64
4.3 电动机对三相短路冲击电流的影响 ·············· 67
4.4 限制短路电流的方法 ·············· 67

第5章 电气设备的选择 ·············· 71
5.1 电气设备选择的一般原则 ·············· 71
5.2 高压开关电器的选择 ·············· 74
5.3 高压熔断器的选择 ·············· 74
5.4 高压互感器的选择 ·············· 76
5.5 母线和绝缘子的选择 ·············· 80
5.6 限流电抗器的选择 ·············· 84
5.7 导线和电缆的选择 ·············· 84
5.8 低压开关电器的选择 ·············· 87
5.9 高低压开关柜的选择 ·············· 92

第6章 配电系统继电保护的配置与设计 ·············· 93
6.1 线路保护 ·············· 93
6.2 变压器保护 ·············· 96
6.3 母线保护 ·············· 98
6.4 电力电容器保护 ·············· 99

第7章 变电所设计示例 ·············· 102
7.1 设计任务书 ·············· 102
7.2 设计说明书 ·············· 104

第8章 电力工程课程设计题目选编 ·············· 116
设计题目1 某扬水站6 kV变电所设计 ·············· 116
设计题目2 某化纤毛纺织厂10 kV开闭所及变/配电系统设计 ·············· 117
设计题目3 某塑料制品厂10 kV开闭所及变/配电系统设计 ·············· 118
设计题目4 某重型机械厂10 kV开闭所及变/配电系统设计 ·············· 120
设计题目5 某机械厂10 kV开闭所及车间变电所设计 ·············· 121
设计题目6 某机床厂10 kV变电所设计 ·············· 122
设计题目7 某机械加工厂10 kV开闭所及变/配电系统设计 ·············· 123
设计题目8 某冶金机械修造厂35 kV总降压变电所及配电系统设计 ·············· 126
设计题目9 某厂35 kV总变电所和车间变电所设计 ·············· 128
设计题目10 某厂35 kV总变电所及配电系统设计(1) ·············· 129
设计题目11 某厂35 kV总变电所及配电系统设计(2) ·············· 130

设计题目 12　　110 kV 变电所设计(1) ……………………………………………… 131
　　设计题目 13　　110 kV 变电所设计(2) ……………………………………………… 132
　　设计题目 14　　110 kV 变电所设计(3) ……………………………………………… 133
　　设计题目 15　　110 kV 变电所设计(4) ……………………………………………… 134
　　设计题目 16　　220 kV 变电所设计(1) ……………………………………………… 135
　　设计题目 17　　220 kV 变电所设计(2) ……………………………………………… 136
　　设计题目 18　　220 kV 变电所设计(3) ……………………………………………… 137

附录 1　负荷计算的需要系数和二项式系数 ………………………………………… 139

附录 2　常用电气设备技术参数 …………………………………………………………… 145

参考文献 ……………………………………………………………………………………… 184

第1章 电力工程设计的基本内容及要求

电力工程设计包括发电工程设计、输变电工程设计和供配电工程设计,其中发电工程设计和输变电工程设计统称为发输变电工程设计,对应注册电气工程师执业资格考试分为发输变电专业和供配电专业。电力工程设计一般分为方案设计、初步设计和施工图设计三个阶段,对于技术要求简单的民用建筑工程,经有关部门同意,可在方案设计审批后直接进入施工设计。本章简要介绍发输变电工程设计的主要内容,并针对电力工程课程设计,重点介绍供配电工程设计的基本内容。

1.1 发输变电工程设计阶段的主要工作内容

1.1.1 方案设计

方案设计一般分为初步可行性研究和可行性研究两个阶段。

(1) 初步可行性研究主要对多个厂址条件及在电力系统中的地位进行评述。电气专业配合系统规划设计提出建厂的必要性,列表说明供电负荷情况、项目装机容量、用电负荷和负荷等级。主要由省电力公司来完成。

(2) 可行性研究要详细论证电厂建设的必要性、厂址在技术上的可行性和经济上的合理性,落实建厂条件,全面阐明该工程项目能够成立的根据。提出电气主接线图,配合建筑等其他专业的总布置及主厂房布置提出电气有关内容。主要由省电力公司或由它委托的设计院负责。

1.1.2 初步设计

根据审批的可行性研究报告,由设计单位编制具体反映工程项目各项技术原则的初步设计文件。初步设计的内容包括:设计说明书、厂区总布置、各工艺系统、主厂房布置、建筑物的结构等设计方案及图纸、设备和主要材料清册、施工组织设计大纲、工程概算和有关的技术经济指标。同时组织主要设备订货,为施工图设计提供依据。电力工程初步设计的内容见表 1-1。

表 1-1 电力工程初步设计内容

项目名称	内容细则
概　　述	1. 设计依据和基础资料； 2. 对扩建工程应有已建成部分的概述和存在问题的说明
系统概述	1. 简述现有系统负荷水平，装机容量，主要电源、电网情况和存在问题； 2. 电厂各级电压的逐年负荷增长和系统逐年电力平衡表； 3. 电厂在系统中的作用和建设规模，本期及远期与系统连接方式的论证和对出线的要求
电气主接线	1. 主接线方案比较与确定，各级电压母线接线方式，分期建设与过渡方案； 2. 各级电压负荷、功率交换及出线回路数； 3. 主变压器选择：规范、容量、阻抗、分接头、台数等； 4. 各级电压中性点接地方式； 5. 补偿装置的设置
短路电流计算及设备选择	1. 短路电流计算结果及有关计算依据、电气主接线、运行方式及系统容量等说明； 2. 主要设备的选择及对扩建工程原有设备的校验
厂用电接线及布置	1. 厂用电方案比较，负荷计算及变压器选择，中性点接地方式选择； 2. 高低压常用工作电源、起动电源、备用电源和保安电源连接方式； 3. 厂用电水平验算：在各种正常运行方式时厂用母线电压水平，电动机单独自起动、事故情况下成组和高低压串接等自起动时厂用高低压母线电压水平； 4. 厂用配电装置及设备选型
直流电系统	1. 直流系统的接线方式及负荷计算； 2. 蓄电池、充电设备选择及布置； 3. 发电机励磁系统及备用励磁方式和容量选择
二次线、继电保护及自动装置	1. 主控制楼（网络控制楼）、机炉电集中控制室布置，元件的控制地点； 2. 强电、弱电控制方式的选择，信号、测量、连锁； 3. 元件保护和自动装置配置原则及选型； 4. 系统继电保护、自动装置及远动设施
电气设备布置及电缆设施	1. 电气出线走廊及电气建构筑物布置的方案比较说明，厂区环境对电气设备的影响； 2. 高压配电装置型式选择及间隔配置； 3. 主变压器、高压厂用变压器、消弧线圈等的布置； 4. 发电机出线小室及引出线布置； 5. 厂区、主厂房电缆隧道、沟道路径及型式选择
过电压保护与接地	1. 电气设备防止过电压的保护措施； 2. 电厂主、辅建构筑物的防雷保护装置； 3. 土壤电阻率及接地装置要求
照明和检修网络	1. 工作、安全、事故照明供电电压，照明和电焊网络供电方式； 2. 主控制室（网络控制室）、机炉电集中控制室照明布置及选型
通　　信	1. 系统通信对本厂的要求； 2. 厂区（或厂区外）的通信型式及电源选择； 3. 全厂通信设施布置

续表

项目名称	内容细则
辅助车间	1. 电气检修间布置及起吊设施； 2. 电气实验室规模、地点、主要实验设备配置原则； 3. 配电装置用压缩空气系统主要设备规范、数量及布置
其 他	采用新技术情况、套用典型设计和优秀设计图纸情况

1.1.3 施工图设计

根据初步设计审查文件和主要设备落实情况，提出符合质量要求的一套完整的施工图和必要的施工说明书，满足施工、安装和订货的要求。

1.2 供配电工程设计阶段的主要工作内容

设计部门承接供配电工程设计任务，主要以上一级或同级电力主管部门或发展和改革委员会（以下简称发改委）的计划任务书作为依据。按规定，只有接到计划任务书以后，设计部门才能开始设计。投资较小的项目由县（市）电力部门或发改委下达计划任务书。投资较大的项目要由地（市）电力部门甚至省（自治区、直辖市）电力部门或发改委下达计划任务书。

设计部门接到计划任务书以后即可开始组织设计。首先是搜集必要的原始资料，包括负荷情况（负荷级别、负荷估算）、电源情况（外供电源的电压等级、回路数及容量、应急电源和备用电源的型式和容量）、变电所的位置（数量和容量）、气象资料、水文地质资料、配电线路路径沿途情况等。有了足够的基础资料后，就能按计划任务书的要求着手设计。

1.2.1 方案设计阶段

在方案设计阶段，电气专业的设计文件主要为设计说明书和投资估算。根据建筑规模、功能定位及使用要求确定本工程拟设置的电气系统。方案设计阶段的设计内容如下：
（1）确定供配电系统容量及要求。
① 确定负荷级别：1，2，3级负荷的主要内容。
② 负荷估算：本阶段主要采用需要系数法、单位容量法或单位指标法进行估算。
③ 电源：根据负荷性质和负荷容量，提出外供电源的回路数、容量、电压等级的要求。
④ 确定变电所（配电所）位置、数量、容量以及变压器台数。
（2）确定是否需要设应急电源系统以及备用电源和应急电源型式。
（3）对照明、防雷、接地、智能建筑设计的相关系统构成形式进行说明。

1.2.2 初步设计阶段

在初步设计阶段，电气专业的设计文件主要为设计说明书、设计计算书、设计图纸、主要设备材料表及概算，为订货提供数据。按规定，只有当初步设计被批准以后才能向供应部门提出订货要求。

一个配电工程项目的初步设计大致包括以下几部分内容。

1) 说明书

要用简明的文字来说明设计的依据、建设的必要性及规模。介绍该方案的占地面积和建筑面积，主接线方案特点，短路电流大小及选用设备情况，所用电、操作电源及保护方案等。

2) 计算书

一般包括以下几部分：

(1) 用电设备负荷计算、变压器选择计算和无功补偿计算。

(2) 短路电流计算及电气设备选择。

(3) 配电装置的尺寸确定和校验。

(4) 保护装置整定电流的计算和校验。

(5) 防雷计算。

3) 设计图纸

(1) 功能性文件图纸。

① 概略图：用单线表示法表示系统、分系统、装置、部件、设备、软件中各项目之间的主要关系和连接的简图，俗称主接线图。这是最重要的一张图纸，是所有其他图纸的依据。

主接线图除了要表明各种电气设备有相互联系外，还应表明设备的规范、防侵入电波及感应雷的措施、中性点接地方式、电压互感器和电流互感器的配置等。主接线图应反映本期工程和远景工程的区别，一般用实线表示本期工程，用虚线表示远景工程。

② 网络图：在地图上表示诸如发电厂、变电所和电力线、电信设备和传输线之类的电网的概略图，在配电线路工程中俗称线路路径图。网络图应表明配电线路的实际地理位置，跨越的山川、河流、道路、建筑物等。

③ 电路图：表示系统、分系统、装置、部件、设备、软件等实际电路的简图。采用按功能排列的图形符号来表示各元件和连接关系，用于表示功能而不需考虑项目的实体尺寸、形状和位置。如二次接线图、继电保护展开图等。

(2) 位置文件图纸。

① 总平面图：表示建筑工程服务网络、道路工程、相对于测定点的位置、地表资料、进入方式和工区总体布局的平面图。体现在架空配电线路上要出平断面图，由此图可以清楚地看出线路经过地段的地形断面情况，各杆位之间地平面相对高差、导线对地距离、弛度及交叉跨越的立面情况。详见电缆线路施工平面图。

② 安装图(平面图)：表示各项目安装位置的图。

③ 安装简图：表示各项目之间连接的安装图。如表明建筑物内采光装置的安装简图等。

④ 布置图：经简化或补充以给出某种特定目的所需信息的装配图。如开关柜列和控制柜列的布置图等。

(3) 接线文件图纸。

① 接线图(表)：表示或列出一个装置或设备连接关系的简图(表)。

② 单元接线图(表)：表示或列出一个结构单元内连接关系的接线图(表)。

③ 互连接线图(表)：表示或列出不同结构单元之间连接关系的接线图(表)。

④ 端子接线图(表)：表示或列出一个结构单元的端子和该端子上的外部连接(必要时

包括内部接线)的接线图(表)。

⑤ 电缆图(表)(清单):提供有关电缆,诸如导线的识别标记、两端位置以及特性、路径和功能(如有必要)等信息的简图(表)(清单)。

(4) 项目表。

项目表俗称主要设备材料汇总表,是给设备订货招标直接提供依据的一份资料。它是根据主接线图、线路平断面图及其他图纸制定出来的,要求主要设备准确,没有遗漏。如有要求,还应提出备用设备材料汇总表。

(5) 安装说明文件。

① 安装说明文件:给出有关工程项目所有系统、装置、设备或元件的安装条件以及供货、交付、卸货、安装和测试说明或信息的文件。

② 试运转说明文件:给出有关工程项目所有系统、装置、设备或元件试运转和起动时的初始调节、模拟方法、推荐的设定值以及对为了实现开发和正常发挥功能所需采取措施的说明或信息的文件。

③ 其他文件:如有关工程项目的使用说明文件、维修程序说明文件、可靠性和可维修性说明文件、手册、指南、图纸和文件清单等。

4) 工程概预算书

一般由概预算员编制完成,城乡电网建设改造工程实行限额设计。

1.2.3 施工设计阶段

初步设计经有关部门审核批准后即可着手施工设计。施工设计应以初步设计为依据,并在初步设计各系统方案的基础之上进行深化及完善。

施工设计是施工的依据,重点要表达施工情况。因为通过审核都不可避免地要有些修改,所以初步设计中的图纸在施工设计阶段还要重新绘出,并要达到施工设计的要求,详细注明尺寸和所用设备、材料。除了这些图纸外,还应有设备安装图,它是各种设备安装就位的依据。在施工中若遇到非定型产品时,只能通过个别加工的办法解决,还要绘制设备加工图。

施工设计的图纸较多,应分成几卷。如果说初步设计只要求提出主要设备和材料汇总表,那么在施工设计阶段就要求提出全部设备材料清单。一般在每张图纸上都应附有设备材料表,在每一个部分都应有该部分的设备材料汇总表,在总的部分应有设备材料总表。

施工设计也有说明书,主要说明经过施工设计后对初步设计所提方案又有哪些修改。在计算书中,如果短路电流和设备选择方面没有变化,施工设计就不再出计算书,只对防雷保护和接地网设计与计算两部分提出计算书。

1.2.4 供配电工程的初步设计步骤

(1) 对原始资料的分析。

① 本工程情况:变电所类型及设计规划容量(近期和远期)、单机容量及台数、运行方式、最大负荷利用小时数等。

② 电力系统情况:电力系统近期及远景发展规划,该变电所与系统的连接方式,在系统中的地位和作用,各级电压中性点接地方式等。

③ 负荷情况:中、低压侧的负荷性质、输电电压等级、出线回路数及输送容量等。

④ 环境条件:交通、气象、地质、水源、有无污染、海拔高度。

⑤ 设备制造情况:各种电器的性能、制造能力和供应情况。

(2) 电气主接线的方案比较与确定。

① 主变压器选择。

当主变压器的容量及台数给定时,型式有三卷变压器和自耦变压器,需对其进行技术及经济比较。技术比较包括比较三卷变压器和自耦变压器各自的优缺点,如自耦变压器的缺点为阻抗小、短路电流大,造成整定困难;用于中性点直接接地系统,接地电流大,易造成通信干扰。经济比较包括综合投资、年运行费用。

当变压器的容量和台数未给定时,需根据对原始资料的分析确定变压器的台数。

② 各级电压接线方式。

应根据每一个电压等级的出线回路数、负荷等级和电源进线情况,确定各级电压接线方式。

③ 分期过渡接线。

应综合考虑本期工程和远期工程的规划目标,确定组接线的方案并分期执行。

(3) 负荷计算及无功补偿。

选择负荷计算方法,根据设备容量进行负荷计算,并确定待定变压器的容量、各元件的计算电流和各节点的功率因数。根据电力部门对各级供电功率因数的限制要求,合理选择无功补偿方式和补偿容量。

(4) 选择短路点进行短路电流计算。

短路电流计算的目的:一是为了比较各种接线方案,确定某一接线是否需要采取限流措施;二是在选择设备时,保证设备在正常允许和故障情况下都能安全、可靠地工作,同时又要节约资金;三是在设计户外高压配电装置时,须按短路条件校验软导线的相间或相对地的安全距离;四是为了选择继电保护方式和进行整定计算。

短路电流计算步骤如下:

① 确定主接线的运行方式。

在正常接线方式时,通常电器设备的短路电流为最大的点选择为短路计算点,通常选各级母线节点为短路计算点。分析主接线的最大运行方式、最小运行方式,分别在不同运行方式下进行短路计算。

② 画各短路点的短路等值电路图。

③ 化简等值网络,求出各电源与短路点之间的转移电抗。

④ 求计算电抗。

⑤ 由运算曲线查出各电源供给的短路电流周期分量标幺值。

⑥ 计算无穷大电源供给的短路电流周期分量。

⑦ 计算短路电流周期分量有名值。

⑧ 计算短路电流冲击值。

⑨ 绘制短路电流计算结果表。

(5) 选择主要电气设备。

① 断路器。

② 隔离开关(与断路器同时选)。
③ 限流电抗器。
④ 互感器(电压互感器、电流互感器)。
⑤ 导线(架空导线、母线)。
⑥ 电缆。
⑦ 支持绝缘子。
⑧ 避雷器。
⑨ 补偿电容器。

(6) 母线、变压器、线路或线路变压器单元的继电保护方案设计。
(7) 绘制工程设计图纸。
应用AutoCAD绘制电气主接线单线图、电气设备(装置)平面布置图。
(8) 编写初步设计说明书。

1.3 供配电设计的规范和标准

工程建设的勘探、设计、施工和验收等,必须遵守有关法规,正确执行现行的技术标准,这是保证工程质量最基本、最重要的要求。另外,在设计工作中,恰当地选用标准设计图集也是保证工程设计的正确性、提高工程设计速度和技术水平的必要途径。

1.3.1 标准的分类

法规是法令、条例、规则、章程等法定文件的总称,指国家机关制定的规范性文件。以科学、技术和实践经验的综合成果为基础制定的安全要求和技术参数的统一规定称为标准,它以特定形式发布,作为技术性立法。《中华人民共和国标准化法》将标准划分为四种,即国家标准、行业标准、地方标准、企业标准。各层次之间有一定的依从关系和内在联系,形成一个覆盖全国且层次分明的标准体系。

1) 国家标准

对需要在全国范围内统一的技术要求,应当制定国家标准。国家标准由国家标准化管理委员会编制计划、审批、编号、发布。国家标准代号为GB和GB/T,其含义分别为强制性国家标准和推荐性国家标准。

2) 行业标准

对没有国家标准又需要在全国某个行业范围内统一的技术要求,可以制定行业标准,作为对国家标准的补充,当相应的国家标准实施后,该行业标准应自行废止。行业标准由行业标准归口部门编制计划、审批、编号、发布、管理。行业标准的归口部门及其所管理的行业标准范围,由国务院行政主管部门审定。部分行业的行业标准代号如下:汽车——QC、石油化工——SH、化工——HG、石油天然气——SY、有色金属——YS、电子——SJ、机械——JB、轻工——QB、船舶——CB、核工业——EJ、电力——DL、商检——SN、包装——BB。推荐性行业标准在行业代号后加"/T",如"JB/T"即为机械行业推荐性标准,不加"T"为强制性标准。

3) 地方标准

对没有国家标准和行业标准而又需要在省、自治区、直辖市范围内统一的要求,可以制定地方标准。地方标准的制定范围有:工业产品的安全、卫生要求;药品、兽药、食品卫生、环境保护、节约能源、种子等法律、法规的要求;其他法律、法规规定的要求。地方标准由省、自治区、直辖市标准化行政主管部门统一编制计划、组织制定、审批、编号、发布。地方标准也分强制性标准与推荐性标准。

4) 企业标准

企业标准是对企业范围内需要协调、统一的技术要求、管理要求和工作要求所制定的标准。企业产品标准的要求不得低于相应的国家标准或行业标准的要求。企业标准由企业制定,由企业法人代表或法人代表授权的主管领导批准、发布。企业产品标准应在发布后30日内向政府备案。

此外,为适应某些领域标准快速发展和快速变化的需要,于1998年规定在四级标准之外增加一种"国家标准化指导性技术文件",作为对国家标准的补充,其代号为"GB/Z"。指导性技术文件仅供使用者参考。

1.3.2 供配电设计的技术标准

为适应社会主义市场经济体制的建立和发展,培育、健全电力工程设计市场,保证工程质量,提高投资效益,根据国家有关法律、法规,结合电力行业特点,制定了相关的法规和标准。其中与供配电设计有关的部分标准如下:

《220～750 kV 变电站设计技术规程》 DL/T 5218—2012;
《35～110 kV 变电所设计规范》 GB 50059—2011;
《10 kV 及以下变电所设计规范》 GB 50053—94;
《供配电系统设计规范》 GB 50052—95;
《3～110 kV 高压配电装置》 GB 50060;
《城市电力规划规范》 GB 50293;
《低压配电设计规范》 GB 50054;
《并联电容器装置设计规范》 GB 50227;
《电力工程电缆设计规范》 GB 50217;
《电测量及电能计量装置设计技术规程》 DL/T 5137;
《电力装置的电气测量仪表装置设计规范》 GB 50063;
《电力装置的继电保护和自动装置设计规范》 GB 50062;
《继电保护技术规程》 GB 14285;
《通用用电设备配电设计规范》 GB 50055;
《建筑照明设计标准》 GB 50034;
《民用建筑电气设计规范》 JGJ/T 16;
《交流电气装置的过电压保护和绝缘配合》 DL/T 620;
《高压输变电设备的绝缘配合》 GB 311.1;
《交流电气装置的接地》 DL/T 621;
《建筑电气制图标准》 GB/T 50786—2012。

1.4 供配电工程设计原始资料的搜集

设计人员在进行用户供配电工程设计时需向建设单位和上级供电公司了解相关原始资料,以此作为设计依据。建设单位和上级电力公司应提供的原始资料见表1-2。

表1-2 供配电工程设计原始资料内容

类 别	内 容
需向建设单位了解的内容和索取的资料	① 总降压变电所或总配电所的施工图设计委托单位; ② 当地的雷电活动资料及土壤电阻率(可向当地气象部门了解); ③ 如为改扩建工程,需要原有的供配电系统图及平面布置图,有关变/配电所的平、剖面图及主接线图,近3年来的最大负荷、年耗电量、功率因数、受电电压等; ④ 向用电专业了解用电设备对供电的要求、允许中断供电的最长时间,最好取得第一手资料
用电申请时需向供电部门提供的资料	① 最终规模的最大负荷、工程逐年建设情况和投产日期及逐年用电负荷要求; ② 负荷性质及对供电可靠性的要求; ③ 总降压变电所或总配电所的位置平面图(标有电源进线方向); ④ 工程名称、地址,必要时提供显示新建工程位置的平面图; ⑤ 用户变/配电所在总平面图上的位置、容量及其他应当说明的情况; ⑥ 对电源的电压、频率、供电线路形式、回路数、进线方向等的要求
工程施工设计时需向供电部门索取的资料	① 供电电源点(变电所或发电厂)名称、方位及距离; ② 供电电压,线路规格、长度及回路数; ③ 本工程总降压变电所或总配电所的受电端电力系统的最大和最小运行方式下的短路数据; ④ 电网中性点接地方式及电网系统单相接地电容、电流值; ⑤ 供电端的继电保护方式及对用户受电端的继电保护设置和时限配合的要求; ⑥ 对功率因数的要求; ⑦ 对大型特殊用电负荷起动和运行方式的要求; ⑧ 电能计量(位置)要求及电费收取方法; ⑨ 对通信调度的要求及管理分工的意见; ⑩ 供电端电源母线电压在最大负荷和最小负荷时的电压偏差范围; ⑪ 基建时解决施工用电的途径; ⑫ 其他如防雷、接地、维护分工、转送负荷及贴费等

1.5 电力工程设计方案审核的基本要求

1.5.1 初步设计阶段审核的基本要求

1) 初步设计阶段设计深度的要求

进行设计方案的比较选择和确定;主要设备材料订货;土地征用;基建投资的控制;施工图设计的编制;施工组织设计的编制;施工准备和生产准备等。

2) 设计文件的基本要求

(1) 没有批准的计划任务书和批准的工程选场报告以及完整的设计基础资料,不能提供初步设计文件。

（2）设计文件表达设计意图充分，采用的建设标准适当、技术先进可靠、指标先进合理、专业间相互协调、分期建设与发展处理得当。重大设计原则应经多方案比较选择，提出推荐方案供审批选择。

（3）积极稳妥地采用成熟的新技术，力争比以往同类型工程在水平上有所提高。设计文件中应阐明其技术优越性、经济合理性和采用可能性。

（4）设计概算应准确地反映设计内容及深度，满足控制投资、计划安排及拨款的要求。

（5）设计文件内容完整、正确，文字简练，图面清晰，签署齐全。

1.5.2 施工图设计阶段审核的基本要求

1）设计依据和原始资料
（1）初步设计的审批文件；
（2）设计总工程师编制的技术组织措施、各专业间施工图综合进度表、主要设计人编制的电气专业技术组织措施；
（3）有关典型设计；
（4）新产品试制的协议书；
（5）在产品目录中查不到的必要的设备技术资料；
（6）协作设计单位的设计分工协议和必要的设计资料。

2）对设计文件的基本要求
（1）符合初步设计审批文件，符合有关标准规范，符合工程技术组织措施及卷册任务书要求。
（2）采用的原始资料、数据及计算公式要正确、合理、落实，计算项目完整，演算步骤齐全，结果正确。
（3）卷册的设计方案、工艺流程、设备选型、设施布置、结构型式、材料选用等，要符合运行安全、经济，操作、检修、维护、施工方便，造价低，原材料节约的要求。
（4）在克服工程"常见病""多发病"方面，应比同类型工程有所改进。凡符合卷册具体条件的典型、通用设计应予以套（活）用。
（5）卷册的设计内容与深度要完整、无漏项，并符合施工图成品内容深度的要求。各专业及专业内部的成品之间要配合协调一致，满足施工要求。
（6）制、描图工艺水平符合标准。

1.6 电气常用图形符号和文字符号

电力工程设计文件中所使用的图形符号和文字符号是简化了的工程语言，必须严格执行最新颁布的国家标准，保证设计图样的标准化、规范化。

1.6.1 电气设备图形符号的标准

电气设备的图形符号和文字符号参见以下国家标准：
《电气图用图形符号》 GB 4728；

《电气设备用图形符号》 GB 5465；
《电器接线端子的识别和用字母数字符号标志接线端子的通则》 GB 4026；
《电气技术中的文字符号制订通则》 GB 7159；
《建筑电气制图标准》 GB/T 50786—2012。

1.6.2 电气设备图形符号的尺寸规定

图形符号的尺寸规定：图中 a 为原始设计的基本尺寸，通常为 50 mm；h 为图形的高；b 为图形的宽。必要时 a 的基本尺寸可按优先数系选取。

如：13-01-01 直流电图形符号，$h=0.36a$，即 $h=18$ mm；$b=1.40a$，即 $b=70$ mm。

图形符号的所有线条的宽度应为 2 mm，如果图形符号仅含有极少数线条，或出于易懂易看的缘故需要加宽线条，则建议采用 4 mm 的宽度。两条线间的最小间隙不应小于线的最小宽度的 1.5 倍。图形符号的尺寸规定见表 1-3。

表 1-3 图形符号的尺寸规定

序　号	图形符号	说　　明	GB 5465
13-01-01		直流电 $h=0.36a$ $b=1.40a$	1001
13-01-02		交流电 $h=0.44a$ $b=1.46a$	1002
13-01-03		交直流通用 $h=0.52a$ $b=1.28a$	1003
13-01-04		正号、正极 $h=1.20a$ $b=1.20a$	1004
13-01-05		负号、负极 $h=0.08a$ $b=1.20a$	1005
13-01-06		电池检测 $h=0.80a$ $b=1.00a$	1006
13-01-07		交流/直流变换器 整流器、电源代用器 $h=1.18a$ $b=1.04a$	1008

续表

序 号	图形符号	说 明	GB 5465
13-01-08		整流器(未注明类型) $h=0.82a$ $b=1.46a$	1012
13-01-09		变压器 $h=1.48a$ $b=0.80a$	1013
13-01-10		熔断器 $h=0.54a$ $b=1.46a$	1014
13-01-11		危险电压 $h=1.26a$ $b=0.50a$	1016
13-01-12		接地 $h=1.30a$ $b=0.79a$	1018
13-01-13		保护接地 $h=1.16a$ $b=1.16a$	1020
13-01-14		通/断(按一按) $h=1.20a$ $b=1.20a$	1031
13-01-15		单向运动 $h=0.36a$ $b=1.49a$	1052
13-01-16		双向运动 $h=0.36a$ $b=1.50a$	1053
13-01-17		灯、照明、照明设备 $h=1.32a$ $b=1.34a$	1067
13-01-18		信号灯 $h=1.16a$ $b=1.16a$	1070

续表

序 号	图形符号	说 明	GB 5465
13-01-19		钟、定时开关、计时器 $h=1.16a$ $b=1.16a$	1071
13-01-20		铃 $h=1.34a$ $b=1.20a$	1072
13-01-21		喇叭（报警用） $h=0.56a$ $b=1.33a$	2001

1.6.3 常用电力设备的标注方法

常用电力设备的标注方法见表 1-4。

表 1-4 常用电力设备的标注方法

标注对象	标注方法	说 明	示 例
用电设备	$\dfrac{a}{b}$	a—设备编号或设备位号； b—额定容量（kW 或 kV·A）	$\dfrac{21}{55}$ 21 号设备，容量为 55 kW
概略图（系统图） 电气柜（柜、屏）	-a+b/c	a—设备种类代号； b—设备安装位置代号； c—设备型号	-AP1+B6/XL21-15
平面图（布置图） 电气箱（柜、屏）	-a	a—设备种类代号（前缀"-"可省）	-AP1
照明、安全、 控制变压器	a-b/c-d	a—设备种类代号； b/c——次侧电压/二次侧电压； d—额定容量	TL1-220/36V-500VA
照明灯具	$a-b\dfrac{c*d*L}{e}f$	a—灯数； b—型号或编号（无则省略）； c—每盏灯的灯管数； d—灯泡安装容量； e—灯泡的安装高度（m），如"e"处有"-"表示吸顶灯安装； f—安装方式； L—光源种类	$5\text{-BYS}80\dfrac{3*36*fL}{3.5}\text{CS}$ 5 盏 BYS80 型灯具，灯管为 3 根 36 W 荧光灯管，吊链安装，距地 3.5 m

续表

标注对象	标注方法	说 明	示 例
线 路	ab-c(d*e+f*g)i-jh	a—线缆编号; b—型号或编号(无则省略); c—线缆根数; d—电缆线芯数; e—线芯截面(mm^2); f—PE,N线芯数; g—线芯截面(mm^2); i—线缆敷设方式; j—线缆敷设部位; h—线缆敷设安装高度(m)	WP201 YJ-0.6/1kV-2(3*150+70+PE70)SC-WS3.5 电缆号为WP201,电缆型号规格为YJ-0.6/1kV-2(3*150+70+PE70),2根电缆并联使用,敷设方式为穿DN80焊接钢管沿墙明敷,距地3.5 m
电缆桥架	$\frac{a*b}{c}$	a—电缆桥架宽度(mm); b—电缆桥架高度(mm); c—电缆桥架安装高度(m)	$\frac{600*150}{3.5}$
断路器整定值	$\frac{a*c}{b}$	a—脱扣器额定电流; b—脱扣器整定电流(脱扣器额定电流×整定倍数); c—短延时整定时间(瞬时不标注)	$\frac{500A}{500A*3}$ 0.2s 断路器脱扣器额定电流为500 A,动作整定值为500 A×3,短延时整定时间为0.2 s

第 2 章　变/配电所电气主接线设计

变/配电所是接受和分配电能的中枢。它是由变压器、配电装置、保护及控制设备、测量仪表以及其他附属设备(试验、维修、油处理等)及有关建筑物构成的。

变/配电所的电气主接线是变电所的关键部分。它与电力系统、电气设备的选择及布置、供电系统运行的可靠性和经济性等各方面均有密切联系,因此设计变/配电所的电气主接线时必须全面分析相关因素,正确处理它们之间的关系。

本章主要介绍变/配电所一次系统中与电气主接线设计相关的问题。主要包括以下几个方面:

(1) 供配电系统电压的选择。
(2) 变电所位置与数量的确定。
(3) 电力变压器的选择。
(4) 变/配电所电气主接线设计。
(5) 配电系统接线方式的选择。
(6) 供配电系统方案的技术经济比较。

2.1　供配电系统电压的选择

供配电电压主要取决于地区电网电源电压、计算负荷的大小以及高压用电设备的容量和电压。

2.1.1　供电电压的确定

随着地方负荷规模的扩大和城区供电面积的扩展,一般地方电网由 220 kV,110 kV,35 kV 和 10 kV 各级变电站和各电压等级的线路构成。

一般较大的变电所可选用 220 kV 或 110 kV 电源电压,中小型变电所可选用 35 kV 或 10 kV 电源电压。地方电网升高电压级不宜超过 3 级。选用较高的供电电压可减少电能损耗,节约有色金属,提高供电质量,但要增加设备投资。如果有两种电压皆可满足供电要求,则应进行技术经济比较并结合变电所发展规划择优确定。

企业供电电源电压主要是根据用电容量、用电设备特性、供电距离、供电线路的回数、地区电网电压等因素,与电力部门协调确定。

2.1.2 配电电压的选择

地方电网公司通常选用 35 kV 或 10 kV 作为中压配电电压等级,对电力用户进行配电;选用 0.4 kV 作为低压配电电压等级,对民用电进行配电。

工矿企业内部的配电电压等级根据负荷大小和分布而定。对各企业而言,如果负荷分散,一般高压配电电压为 6～10 kV。由于 6 kV 和 10 kV 两个电压等级的绝缘要求相当,从技术经济指标来看,选用 10 kV 电压等级较好。但是,如果工厂拥有较多的 6 kV 高压设备,10 kV 电压不能直接对其供电,则需要进行技术经济比较,以确定采用何种电压合理。对于 3 kV 电压等级,由于技术经济指标很差,一般不作为厂区配电电压。如有 3 kV 用电设备,仍然采用 10 kV 高压供电,可通过 10/3.15 kV 的变压器降压供电。

如果企业变电所的供电范围大,各区块负荷又集中,环境条件及设备条件允许采用 35～110 kV 架空线路和较经济的电气设备,则可采用高压直接深入负荷中心的供配电方式,如图 2-1 所示。这种供配电方式除能减少一级中间变压外,有时还可不设总降压变电所,不设厂区配电网络,故能取得较好的经济效益。

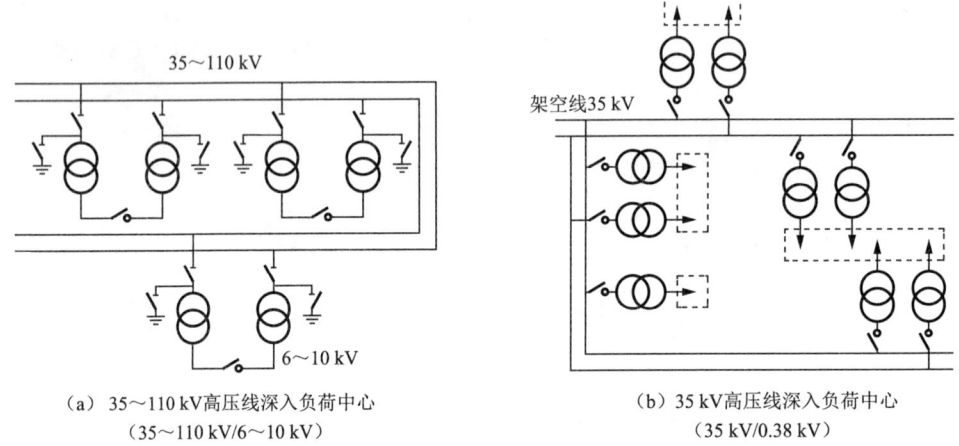

(a) 35～110 kV 高压线深入负荷中心　　　(b) 35 kV 高压线深入负荷中心
　　（35～110 kV/6～10 kV）　　　　　　　　（35 kV/0.38 kV）

图 2-1　高压直接深入负荷中心的供配电方式

企业用电设备的低压配电电压一般为 220/380 V。

2.2　变电所位置的确定

根据供电范围和负荷分布情况,可设置一个或几个总降压变电所。总降压变电所的位置与供电可靠性、经济性、电压质量有密切关系。选择变电所位置时应注意以下各点:

(1) 接近负荷中心,以降低线路损耗。

(2) 进出线要方便。高压架空进出线走廊的位置应与变电所位置同时确定,且高压架空线路要有一定的走廊宽度。

(3) 便于主变压器等大型设备的运输。

(4) 不应妨碍企业的发展,有扩建的可能。

(5) 远离污染源或位于污染源的上风侧。

(6) 躲开低洼地区和剧烈震动环境。

（7）户外变/配电设备与其他工业建筑物保持一定的防火间距。

（8）与附近的冷却塔、喷水池之间保持一定的距离。

由于影响变电所位置选择的因素很多，变电所的位置有时不得不偏离负荷中心，这对投资、运行、有色金属的消耗量会产生不利的后果。

图 2-2 所示为电源进线经两级变电所降压给负荷供电的示意图。在图 2-2(a)中，高压线深入理论上的负荷中心即总变电所建在负荷中心，会引起传输功率倒送（即流向电源来线方向）的现象。在图 2-2(b)中，如果总降压变电所设置在负荷群的边缘，则将增加低压电网的长度，对投资及有色金属消耗不利。因此，总降压变电所的位置应尽量靠近负荷中心，同时还要考虑电源进线方向。

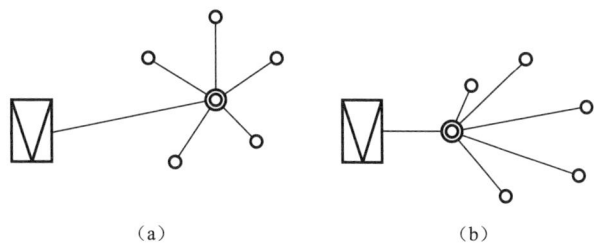

图 2-2 总降压变电所的位置和电网的关系示意图

以上仅给出总降压变电所位置与电源进线方向的定性概念。影响总降压变电所位置选择的因素有很多，如生产厂房的布局、工艺装备的布局、进出线路经济环境、防火要求、运输、安全保卫，甚至风向、水位以及建筑观点、未来发展等，它们都对总降压变电所的位置选择产生影响，其中负荷分布是确定变电所位置的重要因素。

一般画出负荷指示图表示负荷分布，即在总平面图上，根据不同的电压、负荷类型（动力、照明），按照负荷大小画成圆，圆心为负荷的中心，圆的直径 $d = 2\sqrt{\dfrac{S}{K\pi}}$，其中 S 为负荷的视在功率，K 为比例系数（$1\ \text{kV}\cdot\text{A/mm}^2$）。下面介绍基于负荷指示图确定变电所位置的两种方法。

2.2.1 按负荷功率矩确定负荷中心

利用负荷圆表示的负荷指示图如图 2-3 所示，在平面图的下边和左侧，分别作一直角坐标系的 x 轴和 y 轴，然后测出各负荷点的坐标位置，可仿照力学中计算重心的力矩公式大致判断负荷中心的位置：

$$\begin{cases} x = \dfrac{P_1 x_1 + P_2 x_2 + P_3 x_3 + \cdots}{P_1 + P_2 + P_3 + \cdots} = \dfrac{\sum (P_i x_i)}{\sum P_i} \\ y = \dfrac{P_1 y_1 + P_2 y_2 + P_3 y_3 + \cdots}{P_1 + P_2 + P_3 + \cdots} = \dfrac{\sum (P_i y_i)}{\sum P_i} \end{cases} \tag{2-1}$$

式中，P_i 和 x_i，y_i 分别为第 i 个负荷圆的功率和坐标。

负荷中心是确定变电所位置的重要因素，但不是唯一因素，因此负荷中心的计算不必十分精确。变电所的所址必须全面分析后选择确定。总降压变电所的高压部分（35～220 kV）一般都建在户外，以节省投资，但在户外需要较大的面积。对于环境条件不好（多尘、有腐蚀

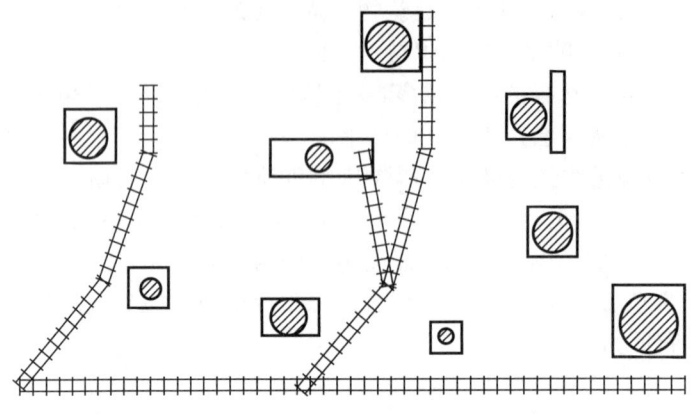

图 2-3 用负荷圆表示的负荷指示图(1)

性气体等)或厂区面积有限的情况,35～110 kV 高压配电装置也有建设在户内的,但造价较高。

2.2.2 按有色金属消耗量及线路功率损失最小规划变/配电所的位置

如图 2-4 所示负荷指示图,图上圆圈面积代表负荷大小。设坐标原点$(0,0)$处的负荷视在功率为 S_m(S_m 为最大的一组负荷),平面上其他各点(x_i,y_i)的负荷视在功率为 S_i。

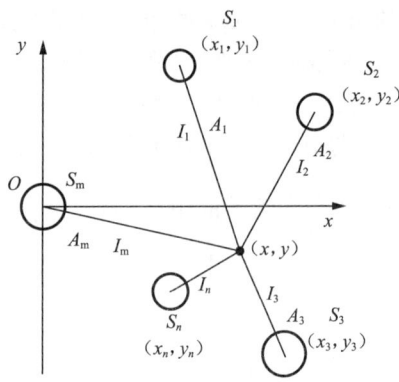

2-4 用负荷圆表示的负荷指示图(2)

如果在(x,y)处设置变电所或配电所,则有色金属消耗的体积 V 为:

$$V = 3(A_1 l_1 + A_2 l_2 + \cdots + A_n l_n + A_m l_m) \tag{2-2}$$

式中,A_i 为第 i 回线路($i=1,2,\cdots,n,m$)的导线截面积;l_i 为第 i 回线路的导线长度。

假定导线载流的电流密度 J 相同,将 $J=\dfrac{I}{A}$ 代入式(2-2)可以得出:

$$V = 3(I_1 l_1 + I_2 l_2 + \cdots + I_n l_n + I_m l_m)/J \tag{2-3}$$

将视在功率 $S=\sqrt{3}UI$ 代入式(2-3),可以得出:

$$V = \frac{\sqrt{3}}{UJ}(S_1 l_1 + S_2 l_2 + \cdots + S_n l_n + S_m l_m)$$

$$= \frac{\sqrt{3}}{UJ}\sum_{i=1}^{n} S_i \sqrt{(x_i-x)^2+(y_i-y)^2} + \frac{\sqrt{3}}{UJ} S_m \sqrt{x^2+y^2} \tag{2-4}$$

式中，$S_i l_i$ 通常称为负荷矩。为使其有色金属消耗量最少，令 $\frac{\partial V}{\partial x}=0$，$\frac{\partial V}{\partial y}=0$，可以得出：

$$\begin{cases} S_\mathrm{m} \dfrac{x}{\sqrt{x^2+y^2}} - S_1 \dfrac{x_1-x}{\sqrt{(x_1-x)^2+(y_1-y)^2}} - S_2 \dfrac{x_2-x}{\sqrt{(x_2-x)^2+(y_2-y)^2}} - \cdots - \\ \quad S_n \dfrac{x_n-x}{\sqrt{(x_n-x)^2+(y_n-y)^2}} = 0 \\ S_\mathrm{m} \dfrac{y}{\sqrt{x^2+y^2}} - S_1 \dfrac{y_1-y}{\sqrt{(x_1-x)^2+(y_1-y)^2}} - S_2 \dfrac{y_2-y}{\sqrt{(x_2-x)^2+(y_2-y)^2}} - \cdots - \\ \quad S_n \dfrac{y_n-y}{\sqrt{(x_n-x)^2+(y_n-y)^2}} = 0 \end{cases}$$

(2-5)

求解式(2-5)，可以得出使有色金属消耗量最少的变/配电所位置的坐标 (x,y)。

同理，可以列出线路的功率损耗 ΔP 的公式：

$$\Delta P = 3(I_1^2 R_1 + I_2^2 R_2 + \cdots + I_n^2 R_n + I_\mathrm{m}^2 R_\mathrm{m})$$

(2-6)

由于 $R_i = \dfrac{\rho l_i}{A_i}$，$I_i = JA_i$，代入式(2-6)可得出：

$$\Delta P = \frac{\sqrt{3}\rho J}{U} \sum_{i=1}^{n} S_i \sqrt{(x_i-x)^2+(y_i-y)^2} + \frac{\sqrt{3}\rho J}{U} S_\mathrm{m} \sqrt{x^2+y^2}$$

(2-7)

比较式(2-7)与式(2-4)，除常数系数外，其他各项均相同。为使其功率损耗最小，令

$$\frac{\partial \Delta P}{\partial x} = 0, \quad \frac{\partial \Delta P}{\partial y} = 0$$

(2-8)

其结果如式(2-5)所示。这可以说明，利用式(2-5)解出的变/配电所位置坐标 (x,y) 不但有色金属消耗量最小，而且线路的功率损耗也最小，可以在该点设置变/配电所。

2.3 电力变压器的选择

2.3.1 变压器型式的选择

变压器的型式选择是指确定变压器的相数、绕组形式、绝缘及冷却方式、连接组别、调压方式等。变压器绕组形式分为双绕组和三绕组，其中三绕组变压器适用于具有三种电压等级的变电所。变压器冷却方式分为油浸式和干式，其中干式变压器用于防火要求较高或潮湿、多尘的变电所。变压器的调压方式分为无载调压和有载调压，其中有载调压适用于用户对电压要求严格，或电网电压偏差不满足要求时。

变压器的连接组别的表示方法是：大写字母表示一次侧(或原边)的接线方式，小写字母表示二次侧(或副边)的接线方式。Y(或 y)为星形接线，D(或 d)为三角形接线。数字采用时钟表示法，用来表示一、二次侧线电压的相位关系，一次侧线电压相量作为分针，固定指在时钟 12 点的位置，二次侧的线电压相量作为时针。

变压器接线方式有 4 种基本类型："Y,y""D,y""Y,d"和"D,d"。我国只采用"Y,y"和"Y,d"。由于 Y 连接时还有带中性线和不带中性线两种，不带中性线则不增加任何符号表示，带中性线则在字母 Y 后面加字母 N 或 n 表示。

用于国内变压器的高压绕组一般连成 YN 或 Y 接法(由于相电压可等于线电压的 57.7%,每匝电压可低些),中压绕组与低压绕组的接法要视系统情况而定。所谓系统情况是指高压输电系统的电压相量与中压或低压输电系统的电压相量间的关系。如果是低压配电系统,则可根据标准规定决定。

(1) 国内 500 kV,330 kV,220 kV 与 110 kV 的输电系统的电压相量都是同相位的,所以对下列电压比的三相三绕组或三相自耦变压器,高压与中压绕组都要用星形接法。当采用三相三柱式铁芯结构时,低压绕组也可采用星形接法或三角形接法,取决于低压输电系统的电压相量是与中压及高压输电系统的电压相量为同相位还是滞后 30°电气角。

500/220/110 kV——YN,yn0,yn0 或 YN,yn0,d11;
220/110/35 kV——YN,yn0,yn0 或 YN,yn0,d11;
330/220/110 kV——YN,yn0,yn0 或 YN,yn0,d11;
330/110/35 kV——YN,yn0,yn0 或 YN,yn0,d11。

(2) 国内 60 kV 与 35 kV 的输电系统电压有两种不同的相位角。

如 220/60 kV 变压器采用 YN,d11 接法,220/69/10 kV 变压器采用 YN,yn0,d11 接法,则这两个 60 kV 输电系统相差 30°电气角。

如 220/110/35 kV 变压器采用 YN,yn0,d11 接法,110/35/10 kV 变压器采用 YN,yn0,d11 接法,则这两个 35 kV 输电系统电压相量也相差 30°电气角。

所以,决定 60 kV 与 35 kV 级绕组的接法时要慎重,必须符合输电系统电压相量的要求,根据电压相量的相对关系决定绕组的接法,否则即使容量对,电压比也对,变压器亦无法使用,因为接法不对,变压器无法与输电系统并网。

(3) 国内 10 kV,6.3 kV 与 0.4 kV 输电与配电系统电压相量也有两种相位。在上海地区,有一种 10 kV 与 110 kV 输电系统电压相量差 60°电气角,此时可采用 110/35/10 kV 电压比与 YN,yn0,y10 接法的三相三绕组电力变压器,但限用三相三柱式铁芯。

(4) 单相变压器在连成三相组接法时,不能采用 YN,y0 接法的三相组。三相壳式变压器也不能采用 YN,y0 接法。

(5) 不同连接组别的变压器并联运行时,一般的规定是连接组别标号必须相同。

(6) 配电变压器用于多雷地区时,可采用 Y,zn11 接法,当采用 z 接法时,阻抗电压算法与 Y,yn0 接法不同,同时 z 接法绕组的耗铜量要多些。Y,zn11 接法配电变压器的防雷性能较好。

地方变电所常用的双绕组变压器连接组别如下:

(1) YN,d11 连接组别的三相电力变压器用于 110 kV 及以上的中性点需接地的高压线路中。

(2) YN,y0 连接组别的三相电力变压器用于原边需接地的系统中。

(3) Y,d11 连接组别的三相电力变压器用于低压高于 0.4 kV 的线路中。

(4) Y,y0 连接组别的三相电力变压器用于供电给三相动力负载的线路中。

(5) Y,yn0 连接组别的三相电力变压器用于三相四线制配电系统中,供电给动力和照明的混合负载。

(6) D,yn11 连接组别的三相电力变压器用于国际上大多数国家的配电变压器。

采用 D,yn11 连接组别较之采用 Y,yn0 连接组别有许多优点:

① 三次谐波电流可在 D 连接组别的一次侧绕组内形成环流,不会注入公共的高压电网中。

② D,yn11 连接组别变压器的零序阻抗比 Y,yn0 连接组别变压器小得多,有利于低压单相接地短路故障的切除。以 1 000 kV·A 变压器为例,对 Y,yn0 连接组别,在变压器低压侧出线端的单相短路电流仅 7 kA 左右,而保护要求灵敏度为 1.5～2 倍,故变压器低压总开关电流不宜大于3.5～4.5 kA,这样就很难对断路器在保持上下级选择性情况下进行合理整定。而对 D,yn11 连接组别却因短路电流大得多,故能合理整合。

③ D,yn11 连接组别变压器允许中性线电流达到相电流的 75% 以上,因此其承受不平衡负载能力远比 Y,yn0 连接组别变压器大。

④ 当高压侧一相熔丝熔断时,D,yn11 连接组别变压器另两相负载仍可运行,而 Y,yn0 连接组别却不行。

目前,供配电系统的单相负载急剧增长,推广 D,yn11 连接组别变压器显得很有必要。据《民用建筑电气设计规范》规定,具有下列情况之一的,宜选用 D,yn11 连接组别变压器:

① 三相不平衡负载每相额定功率 15% 以上者。
② 需要提高单相短路电流值,确保低压单相接地保护装置动作灵敏度者。
③ 需要限制三次谐波含量者。

2.3.2 主变压器台数和容量的选择

1) 主变压器台数的选择

降压变电所主变压器容量与台数的选择在很大程度上取决于负荷的大小及其对供电可靠性的要求,同时考虑发展规划等因素并与电气主接线的选择统筹安排,力求变电所的电气主接线简单,运行方便,供电可靠,节约电能并减少投资。变压器台数多,则供电可靠性高,但设备投资大,运行费用也要增加。因此,满足可靠性要求时,变压器台数越少越好,对不重要负荷或能取得低压备用电源的三级负荷供电时皆选用一台主变压器。

下述情况可考虑选用两台或两台以上主变压器:

(1) 一、二级负荷数量较多。

(2) 有大型冲击负荷(如大容量高压电动机、大电弧炉等)时,为减少它们对其他负荷的影响,有必要为其单独设置变压器。

(3) 负荷极不均衡,昼夜负荷或季节性负荷变化大时,选用两台变压器可大大降低电能损耗,而且设置两台变压器增加的设备投资可在 3～5 年内由节约的电能收回。

(4) 原设一台主变压器的变电所,由于负荷增加,但又不能更换大容量变压器时。

(5) 集中负荷大于 1 250 kV·A 时。

(6) 分期建设的大企业,为节约初投资,提高变压器运行效率,可分期投入 2～3 台变压器以替代一台大型变压器。

2) 主变压器容量的选择

降压变电所中主变压器的容量应根据总的视在计算负荷确定。

(1) 当装设一台主变压器,且负荷比较平稳时,变压器容量应大于计算负荷 S_c,即

$$S_{N,T} > S_c \tag{2-9}$$

式中,$S_{N,T}$ 为变压器的额定容量;S_c 为计算负荷。

(2) 当装设两台或两台以上变压器时,每台变压器的容量不应小于总的计算负荷 S_c 的 60%～70%,即

$$S_{N.T} \geqslant (0.6 \sim 0.7)S_c \tag{2-10}$$

同时,每台变压器的容量应满足当一台变压器停止工作时,其余变压器能保证全部的一级负荷及二级负荷的用电,即

$$S_{N.T} \geqslant S_{c(I+II)} \tag{2-11}$$

式中,$S_{c(I+II)}$ 为一级、二级计算负荷之和。

(3) 变压器单台容量上限:

① 单台 10(6)/0.4 kV 的配电变压器容量一般不大于 1 250 kV·A,但当用电设备容量较大、负荷集中且运行合理时,也可选用 1 600～2 000 kV·A 的变压器。

② 生活区变电所的单台变压器容量一般不大于 630 kV·A。

2.3.3 所用变压器台数和容量的选择

所用变压器的设置应按变电所的重要性、容量大小及采用的操作方式等因素确定。

1) 所用变压器台数的选择

(1) 35 kV 及以上总降压变电所。

变电所一般装设两台所用变压器。当两台所用变压器一次侧电压等级不同时,因低压侧相位不同,应有防止两台所用变压器并列运行的措施。在下列情况下允许装设一台所用变压器:

① 当能够从变电所外引入可靠的 380 V 备用电源时。

② 当只有一路电源和一台主变压器时,可在进线断路器前装设一台所用变压器。

③ 当设有蓄电池直流电源时。

所用变压器一般不供所外用电。当变电所内装有 380 V 配电变压器能满足所用电要求时,可不设专用的所用变压器,所用电负荷可由配电变压器兼供。

(2) 10(6) kV 配电所。

① 10(6) kV 配电所所用电源宜引自所内或就近的配电变压器 220/380 V 侧。重要或规模较大的配电所,宜设所用变压器。装设在开关柜内的所用干式变压器的容量不宜超过 30 kV·A。当有两回所用电源时,宜装设备用电源自动投入装置。

② 采用交流操作时,供操作、控制、保护、信号等的所用电源,如果容量满足要求,则应引自电压互感器。

2) 所用变压器容量的选择

(1) 当变电所所用负荷已知时,所用变压器容量的选择方法同主变压器容量的选择。

(2) 当变电所所用负荷未知时,所用变压器容量可按主变压器容量的 0.1%～0.5%选择。总降压变电所和配电所内宜设置固定的检修电源点,以方便检修试验。

2.4 中性点接地方式和接地装置的选择

2.4.1 中性点接地方式的选择

电网中性点接地方式与电网电压等级、单相接地故障电流、过电压水平以及保护配置等

有密切关系。电网中性点接地方式直接影响电网绝缘水平,电网供电可靠性、连续性和运行的安全性,以及电网对通信线路及无线电的干扰。中性点直接接地或经低阻抗接地的系统,称为有效接地系统,通常该系统的零序电抗与正序电抗之比 $X_0/X_1 \leqslant 3$,零序电阻与正序电抗之比 $R_0/X_1 \leqslant 1$,该系统也称为大电流接地系统。

(1) 35 kV 系统和 6～10 kV 不直接连接发电机的系统,单相接地故障电流不超过下列值时,中性点应采用不接地方式;当超过下列值又需在接地故障条件下运行时,应采用消弧线圈接地方式:

① 35 kV 系统和 6～10 kV 钢筋混凝土或金属杆塔的架空线路构成的系统,单相接地电流应小于 10 A。

② 6～10 kV 非钢筋混凝土或金属杆塔的架空线路构成的系统,当电压为 6 kV 时单相接地电流小于 30 A,当电压为 10 kV 时单相接地电流应小于 20 A。

③ 6～10 kV 电缆线路构成的系统,单相接地电流应小于 30 A。

(2) 6～35 kV 主要由电缆线路构成的系统,单相接地电流较大时,可采用低电阻接地方式,电阻阻值一般为 10～20 Ω,单相接地电流为 100～1 000 A。低电阻接地方式的优点是快速切除故障,过电压水平低,可采用绝缘水平较低的电缆和设备。但应考虑供电可靠性要求及故障时瞬态电压、瞬态电流对电气设备的影响、对通信的影响和继电保护技术的要求,以及本地的运行经验等。该接地方式适用于电缆线路为主、不易发生瞬时性单相接地故障且系统电容电流比较大的城市配电网、发电厂厂用电系统及工矿企业配电系统。

(3) 6～10 kV 配电系统和发电厂厂用电系统,单相接地故障电容电流较小时,为防止谐振、间歇性电弧接地过电压等对设备的损害,可采用高阻接地方式,电阻阻值一般为数百到数千欧,单相接地电流小于 10 A,系统可在接地故障条件下持续运行。但缺点是绝缘水平要求高。

(4) 110 kV 及以上系统中性点接地方式一般为直接接地。变压器中性点接地点的数量应使电网所有短路点的综合零序电抗和综合正序电抗之比 X_0/X_1 为正值且不大于 3,综合零序电阻和综合正序电抗之比 R_0/X_1 为正值且不大于 1,以使单相接地时健全相上工频过电压不超过阀型避雷器的灭弧电压;X_0/X_1 还应大于 1～1.5,以使单相接地短路电流不超过三相短路电流。普通变压器中性点都应经隔离开关接地,以便于灵活地选择接地点。当变压器中性点可能断开运行时,若该变压器中性点为非全绝缘,应在中性点装设避雷器保护。

单相接地电流的计算见第 4 章。根据估算的单相接地电流大小进一步核对确定变压器的连接组别和中性点接地方式,为经消弧线圈接地的变压器引出中性点。

2.4.2 接地变压器的选择

用户 10(6) kV 系统中性点一般不能引出,当需要经低电阻接地或经消弧线圈接地时,就要选用 Z 型或 YN,d 连接组别的三相接地变压器。接地变压器也可带有二次侧绕组兼作所用电源,在 10(6) kV 系统的每段母线上安装一台接地变压器,其接线设计如图 2-4 所示。

接地变压器的选择项目及条件见表 2-1。

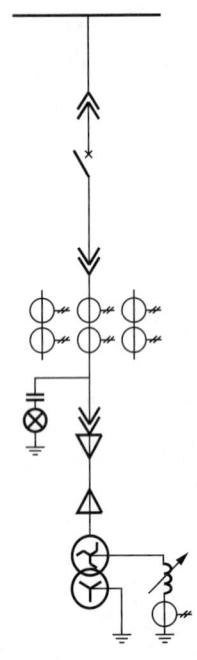
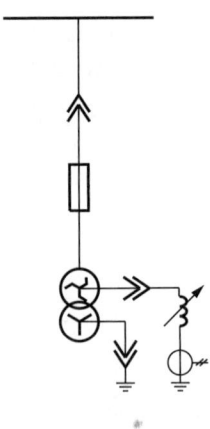

(a) 采用断路器接线,接地变压器单独装设　　(b) 采用熔断器接线,接地变压器装设在开关柜内

图 2-5　接地变压器接线设计示例

表 2-1　接地变压器的选择项目及条件

序　号	选择项目	具体条件
1	型　式	用户 10(6) kV 系统中性点一般不能引出,故选用 Z 型或 YN,d 连接组别三相接地变压器,有条件时宜选用干式无励磁调压接地变压器
2	额定电压	接于系统母线的三相接地变压器额定一次侧电压应与系统标称电压一致;接地变压器二次侧电压可根据负载特性确定
3	绝缘水平	接地变压器的绝缘水平应与连接系统绝缘水平一致
4	额定频率	等于电网工频 50 Hz
5	额定容量	三相接地变压器,其额定容量应与消弧线圈或接地电阻容量相匹配。若带有二次侧绕组兼作所用电源时,还应考虑二次侧负荷容量; 对 Z 型或 YN,d 连接组别三相接地变压器,若中性点接消弧线圈或电阻,则接地变压器容量 $S_{N,T}$ 为: $$S_{N,T} \geqslant Q_r \quad 或 \quad S_{N,T} \geqslant P_r$$ 式中,Q_r 为消弧线圈额定容量,kvar;P_r 为接地电阻额定容量,kW
6	环境条件	户内接地变压器应按环境温度、相对湿度、海拔、地震烈度等环境条件校验
7	其他条件	接地变压器的温升、过载能力等

2.4.3　消弧线圈的选择

当中性点经消弧线圈接地时,消弧线圈的选择项目及条件见表 2-2。

表 2-2 消弧线圈的选择项目及条件

序 号	选择项目	具体条件
1	型 式	消弧线圈宜选用油浸式。装设在屋内相对湿度小于 80% 场所的消弧线圈,也可选用干式。在电容电流变化较大的场所,宜选用自动跟踪动态补偿式消弧线圈
2	额定电压	消弧线圈的额定电压应与系统标称电压一致
3	额定频率	等于电网工频 50 Hz
4	补偿容量	消弧线圈的补偿容量可按下式计算: $$Q_N = KI_CU_N/\sqrt{3}$$ 式中,Q_N 为消弧线圈额定容量,kvar;K 为系数,过补偿取 1.35;I_C 为电网的电容电流,A;U_N 为电网的标称线电压,kV。 为便于运行调谐,选用容量接近于计算值的消弧线圈
5	脱谐度	中性点经消弧线圈接地的电网,脱谐度一般不大于 10%(绝对值)。 脱谐度可按下式计算: $$v = \frac{I_C - I_L}{I_C}$$ 式中,v 为脱谐度;I_C 为电网的电容电流,A;I_L 为消弧线圈的电感电流,A
6	消弧线圈分接头	消弧线圈分接头不宜少于 5 个
7	中性点位移电压	在正常情况下,长时间中性点位移电压不应超过额定相电压的 15%。 中性点位移电压可按下式计算: $$U_0 = \frac{U_{bd}}{\sqrt{d^2 + v^2}}$$ 式中,U_0 为中性点位移电压,kV;U_{bd} 为消弧线圈投入前电网中性点不对称电压,kV,可取 $0.8\%U_N$;d 为阻尼率,一般 35 kV 及以下架空线路取 5%,电缆线路取 2%~4%
8	环境条件	户内消弧线圈应按环境温度、相对湿度、海拔、地震烈度等环境条件校验
9	其他条件	在选择消弧线圈的台数和容量时,应考虑消弧线圈的安装地点,并按下列原则进行: ① 在任何运行方式下,大部分电网不得失去消弧线圈的补偿。不应将多台消弧线圈集中安装在一起,并应避免电网仅装一台消弧线圈。 ② 一般用户总降压变压器无中性点,故应装设容量相当的专用接地变压器。接地变压器可与消弧线圈采用相同的额定工作时间

2.4.4 接地电阻器的选择

当中性点采用低阻接地方式时,接地电阻器的选择项目及条件见表 2-3。

表 2-3 接地电阻器的选择项目及条件

序 号	选择项目	具体条件
1	型 式	中性点电阻材质可选用金属、非金属或金属氧化物线性电阻
2	额定电压	电阻器的额定电压按下式确定: $$U_{N.R} \geq \frac{1.05U_N}{\sqrt{3}}$$ 式中,$U_{N.R}$ 为电阻额定电压,kV;U_N 为电网的标称线电压,kV

续表

序 号	选择项目	具体条件
3	额定频率	等于电网工频 50 Hz
4	电阻值	电阻值按下式确定：$$R=\frac{U_N}{\sqrt{3}I_k^{(1)}}\times 10^3$$ 式中，R 为中性点接地电阻值，Ω；$I_k^{(1)}$ 为选定的单相接地电流，A，可取 400～1 000 A
5	消耗功率	电阻消耗功率按下式确定：$$P_r\geqslant U_{N,R}I_k^{(1)}$$ 式中，P_r 为接地电阻消耗功率，kW
6	环境条件	户内接地电阻器应按环境温度、相对湿度、海拔、地震烈度等环境条件校验
7	其他条件	接地电阻器还应进行热效应校验，即接地电阻器在通过全部阻性电流时，持续时间 10 s 情况下满足热稳定要求，在中性点电压偏移 1%～2%时可长期运行

2.5 变/配电所电气主接线的设计

变/配电所的电气主接线是由变压器、断路器、隔离开关、互感器、避雷器、母线及电缆等电气设备，按一定顺序连接而成的，用以表示接收、汇集和分配电能的电路。

电气主接线是变/配电所的主要电路，它明确表示了变/配电所电能接收与分配的主要关系，是变/配电所运行、操作的主要依据。在设计中，主接线的拟定对电气设备选择，配电装置布置，保护和控制，测量的设计，建设投资以及变电所运行的可靠性、灵活性等都有密切关系，所以主接线的选择是供电系统设计中一项综合性的重要环节。

在三相对称情况下，电气主接线图通常以单线图表示，图上所有电气元件均用统一规定的图形符号表示，参见 GB/T 50786—2012《建筑电气制图标准》。

2.5.1 对电气主接线的基本要求

(1) 根据用电负荷的要求，保证供电的可靠性。

① 断路器检修时不宜影响对系统的供电。

② 断路器或母线故障以及母线检修时，尽量减少停运的回路数和停运时间，并保证对一、二级负荷的供电。

③ 尽量避免变电所全部停运的可能。

④ 满足特殊用电负荷对可靠性的特殊要求。

(2) 电气主接线应具有一定的运行灵活性。

① 调度时，应可以灵活地投入和切除变压器、线路，调配负荷，满足系统在事故运行方式、检修运行方式以及特殊运行方式下的系统调度要求。

② 检修时，可以方便地停运断路器、母线及其他继电保护设备，进行安全检修，而不影

响电力网的运行和对用户的供电。

③ 扩建时,可以容易地从初期接线过渡到最终接线。

(3) 电气主接线经济性基本要求。

① 主接线力求简单、经济,节省断路器、隔离开关等设备。

② 使继电保护和二次回路不过于复杂。

③ 要能限制短路电流,以便选择轻型或廉价设备。

④ 如果能满足系统安全及保护要求,110 kV 及以下终端或分支变电所可采用简易电器。

⑤ 减小占地面积。主接线设计要为配电装置布置创造条件,尽量使占地面积减小。

⑥ 减小电能损失。经济合理地选择主变压器种类、容量、数量,避免两次变压而增加电能损耗。

⑦ 变电所接入系统的电压等级不超过两种。

(4) 为变电所的发展规划留有适当的扩建余地。

2.5.2 变/配电所电气主接线形式及适用范围

变/配电所主接线应根据其在电力网中的地位、主变压器的数目、出线回路数、供电及配电电压、电源进线的数目等条件确定,还应适当考虑用电负荷等级及大小、系统备用容量大小、变电所最终建设规模、继电保护要求等其他因素,并应满足供电可靠、运行灵活、操作及检修方便、节约投资和便于扩建等要求。变电所有多个电压等级,每个电压等级有一个主接线的基本形式,所以变电所主接线可以由多个主接线形式组合而成。

下面结合常用主接线形式的优缺点,说明不同主接线形式的适用范围。

1) 单母线接线

优点:接线简单清晰、设备少、操作方便、便于扩建和采用成套配电装置。

缺点:不够灵活可靠,任一元件(母线及母线隔离开关等)故障或检修时,需使整个配电装置停电。

适用范围:一般只适用于只有一路电源、一台主变压器或者两路电源一供一备的以下三种情况。

(1) 6～10 kV 配电装置的出线回路数不超过 5 回。

(2) 35～63 kV 配电装置的出线回路数不超过 3 回。

(3) 110～220 kV 配电装置的出线回路数不超过 2 回。

2) 单母线分段接线

单母线分段接线就是将一段母线用断路器分为两段或多段。

优点:对重要用户可以从不同段母线引出两个回路,由两个电源供电。当一段母线故障或检修时,保证正常段母线不间断供电。

缺点:当一段母线或隔离开关故障或检修时,该段母线的回路均要停电。扩建时,需向两个方向均衡扩建。

适用范围:一般适用于有两路电源同时供电,且互为备用的变/配电所的以下三种情况。

(1) 6～10 kV 配电装置的出线回路数为 6 回及以上。

(2) 35～63 kV 配电装置的出线回路数为 4～8 回。

(3) 110～220 kV 配电装置的出线回路数为 3～4 回。

3) 双母线接线

双母线的两组母线同时工作，并通过母线联络断路器并联运行，电源与负荷平均分配在两组母线上。出线可以接到任意一条母线上，但在正常运行时，一般与某一母线固定连接运行。双母线一般设母线差动保护。

优点：

(1) 供电可靠。通过两组母线隔离开关的倒换操作，可以轮流检修一组母线而不致使供电中断；一组母线故障后，能够迅速恢复供电；检修任意回路母线隔离开关时，只停该回路。

(2) 调度灵活。各电源和各回路负荷可以任意分配到某一组母线上，能灵活适应系统中各种运行方式调度和潮流变化的需要。

(3) 扩建方便。向双母线任何一个方向扩建，均不影响两组母线的电源和负荷分配。

(4) 便于试验。当个别回路需要单独进行试验时，可将该回路分开，单独接至一组母线上。

缺点：

(1) 需增加一组母线及每回路增加一组隔离开关。

(2) 当母线故障或检修时，隔离开关为倒换操作电器，容易误操作。为了避免隔离开关误操作，需在隔离开关和断路器之间设连锁装置。

适用范围：当出线回路数或母线上电源较多、输送和穿越功率较大、母线故障时要求迅速恢复供电，母线或母线设备检修时不允许影响用户供电，系统调度对接线灵活性有一定要求时采用。

(1) 35～60 kV 线路出线回路数为 8 回及以上时，宜采用双母线接线。

(2) 110～220 kV 线路出线回路数为 5 回以上时，宜采用双母线接线。

4) 双母线分段接线

在发电厂的发电机电压配电装置中，或在 220～500 kV 大容量配电装置中，当进出线回路数较多时，双母线需要分段。

优点：与双母线接线形式相比，可缩小母线故障停电范围，提高供电可靠性。

缺点：保护及二次接线复杂。

适用范围：一般情况下，双母线分段接线用在大型发电厂、地区性枢纽变电站中。双母线分段原则如下：

(1) 当进出线回路数为 10～14 回时，在一组母线上用断路器分段。

(2) 当进出线回路数在 15 回以上时，两组母线均用断路器分段。

(3) 为了限制 220 kV 母线短路电流或满足系统解列运行的要求，可根据需要将母线分段。

5) 带旁路母线接线

为了保证采用单母线分段或双母线的配电装置在进出线断路器检修（包括其保护装置的检修和调试）时不中断对用户的供电，在单母线或双母线接线的基础上可增设旁路母线。

优点：除具有单母线分段或双母线接线的优点外，当线路（主变压器）断路器检修时，仍可继续供电。

缺点:旁路的倒换操作比较复杂,增加了误操作的机会,也使保护及自动化系统复杂化,投资费用较大。

适用范围:在采用单母线分段或双母线的 35~110 kV 主接线中,当不允许停电检修断路器时,可设置旁路设施。通常母线出线回路数满足以下情况:

(1) 35~110 kV 双母线出线回路数在 6 回以上。

(2) 220 kV 双母线出线回路数在 4 回以上。

6) 桥式接线

两回电源引入线分别经断路器接入两台主变压器,并在两条电源引入线间用带断路器的横向母线将它们连接起来,构成桥式接线。

优点:电源线路故障时,不影响供电。

缺点:主变压器故障时,将造成短时停电,且恢复供电的操作程序复杂。

适用范围:有两回电源进线并且只设置两台主变压器的 35 kV 变电所。在这种情况下,变电所高压侧多采用桥式接线。

(1) 当供电线路较长,负荷比较平稳,两台变压器需要长期投入运行时,采用内桥接线。

(2) 对供电线路较短,而负荷又极不均衡,需要按经济运行方式经常投切变压器的变电所,采用外桥接线。

7) 线路-变压器组接线

线路-变压器组接线就是将线路和变压器直接相连,是一种最简单的接线方式。

优点:断路器少,接线简单,投资省,易于扩建。

缺点:线路发生故障时,相应变压器将被迫停运,对变电所的供电负荷影响较大。

适用范围:只有一台变压器或两台变压器的 10 kV 变电所。在以下情况下可采用线路-变压器组接线或双回路线路-变压器组接线:

(1) 对双电源进线和两台变压器的总降压变电所,或正常二供一备的城区中心变电所,当电源进线来自两个不同的独立电源,而变压器低压侧的单母线分段接线中设有备用电源自动投入装置时,这种接线完全可以满足任何类型用户的要求。

(2) 具有一回电源进线和一台主变压器的情况。

8) 3/2(4/3)断路器接线

3/2(4/3)断路器接线就是在每 3(4)个断路器中间送出 2(3)回回路。

优点:

(1) 运行调度灵活,正常时两条母线和全部断路器运行,呈多路环状供电。

(2) 检修时操作方便,当一组母线停电时,回路不需要切换,任意一台断路器检修不停电。

(3) 运行可靠,每一回路由两台断路器供电,母线发生故障时,任何回路都不停电。

缺点:使用设备较多,特别是断路器和电流互感器,投资费用大,保护接线复杂。

适用范围:用于 330 kV 及以上大型电厂和变电所,进出线回路数 6 回及以上的高压、超高压配电装置中。

9) 多角形接线

多角形接线就是将断路器和隔离开关相互连接成环形,且每一台断路器两侧都有隔离开关,由隔离开关之间送出回路的一种接线方式。

优点:多角形设备少,投资省,运行的灵活性和可靠性较好。正常情况下为双重连接,任何一台断路器检修都不影响送电。由于没有母线,在连接的任一部分故障时,对电网的运行影响都较小。

缺点:回路数受到限制,因为当环形接线中有一台断路器检修时就要开环运行,此时其他回路发生故障就要造成两个回路停电,扩大了故障停电范围。由于运行方式变化大,电气设备可能在闭环和开环两种情况下工作,会给电气设备的选择带来困难,并且使继电保护装置复杂化,且不便于扩建。

适用范围:一般用于回路数较少且发展已定型的110 kV及以上的配电装置中,中、小型水力发电厂也有应用。

2.5.3 电气设备的配置

主接线中电气设备的配置应充分考虑供电的安全性、可靠性和经济性。

1) 断路器的配置

(1) 一般电源进线和出线回路、主变压器回路、母联等均设置断路器,用作开断正常运行时的负荷电流及故障时的短路电流。

(2) 带旁路母线的主接线,可利用母联断路器兼作旁路断路器。如果负荷重要,可设置专用旁路断路器。

(3) 断路器开断能力应以母线最大计算短路电流为条件,同时应考虑变电站主变压器扩建增容及系统阻抗的变化情况。

(4) 断路器的操作机构一般有电磁操作机构、液压操作机构、弹簧操作机构等。目前一般用弹簧操作机构。

2) 隔离开关的配置

(1) 在断路器的两侧均应配置隔离开关(户外配电装置在断路器两侧设置隔离开关;户内中置式开关柜断路器上有隔离插头,不再设置隔离开关),以便在断路器检修时隔离电源。但是,当负荷侧无反馈电源时,可省去负荷侧隔离开关。

(2) 接在母线上的避雷器和电压互感器合用一组隔离开关。变/配电所架空进、出线上的避雷器回路中,可不装设隔离开关。

(3) 桥形接线中的跨条宜用两组隔离开关串联,以便于进行不停电检修。

(4) 隔离开关与高压限流熔断器配合使用代替断路器。

(5) 从35 kV总降压变电所或10 kV配电所以放射式向下一级变/配电所供电时,该级变/配电所的电源进线开关宜采用隔离开关。

3) 接地刀闸的配置

(1) 为保证电器和母线的检修安全,35 kV及以上每段母线根据长度宜设置1~2组接地刀闸。母线的接地刀闸宜装设在母线电压互感器的隔离开关上和母联隔离开关上。

(2) 60 kV及以上配电装置的断路器两侧隔离开关和线路隔离开关的线路侧宜配置接地刀闸。

(3) 旁路母线一般装设一组接地刀闸,设在旁路回路隔离开关的旁路母线侧。

(4) 中性点接地的主变压器均应通过隔离开关接地。

(5) 60 kV及以上主变压器进线隔离开关的主变压器侧宜装设一组接地刀闸。

4) 电压互感器的配置

电压互感器的数量和配置与主接线方式有关,并应满足测量、保护、同期和自动装置的要求。由地区电网供电的变/配电所电源进线处,电能计量有特殊要求的,电压互感器应设置专用的计量线圈。

(1) 母线。

一般各段工作母线和备用母线上各装一组电压互感器,必要时旁路母线也装一组电压互感器;桥形接线中桥的两端各装一组电压互感器。

① 6~220 kV 母线,在三相上装设。

② 330~500 kV 母线,当采用双母线带旁路接线时,在每组母线的三相上装设;当采用一台半断路器接线时,在每段母线的一相或三相上装设。

(2) 发电机回路。

一般装设 2~3 组电压互感器。

① 1~2 组电压互感器供电给发电机的测量仪表、保护及同步设备,也可设一组不完全星形接线的电压互感器,专供测量仪表用。

② 另一组电压互感器供电给自动调整励磁装置。

③ 对 50 MW 及以上的发电机,中性点常接有一单相电压互感器,用于 100% 定子接地保护。

(3) 主变压器回路。

一般低压侧装一组电压互感器,供发电厂与系统在低压侧同步用,并供电给主变压器的测量仪表和保护装置。

(4) 线路。

当对端有电源时,在出线侧装设一组电压互感器(35~220 kV 线路在一相上装设,330~500 kV 线路在三相上装设),供监视线路有无电压、进行同步和设置重合闸用。

5) 电流互感器的配置

电流互感器的配置应满足测量仪表、保护和自动装置的要求。由地区电网供电的变/配电所电源进线处,电能计量有特殊要求的,电流互感器应设置专用计量线圈,精确等级一般可为 0.5 级或 0.2 级。

(1) 凡装有断路器的回路均应装设电流互感器。

(2) 在未设断路器的下列地点也应装设电流互感器:变压器中性点、桥形母线的跨条。

(3) 对中性点直接接地系统的各个回路,一般按三相配置;对中性点非直接接地系统的各个回路,依具体要求按两相或三相配置。

(4) 测量仪表、继电保护和自动装置一般均由单独的电流互感器供电或接于不同的二次侧绕组(因为其准确度等级要求不同,同时为了防止仪表开路时引起保护装置的不正确动作)。

(5) 保护用电流互感器的配置应尽量消除保护装置的不保护区。

(6) 为了防止支持式电流互感器的套管闪络造成母线故障,电流互感器通常布置在线路断路器的出线侧或变压器断路器的变压器侧。

(7) 为减轻发电机内部故障对发电机的危害,用于自动励磁装置的电流互感器应布置在定子绕组的出线侧。

6）避雷器的配置

（1）母线。

① 配电装置的每组母线上均应设置避雷器,但进出线都装设避雷器时除外。

② 旁路母线上是否装设避雷器,应视在旁路母线投入运行时,避雷器到被保护设备的电气距离是否满足要求而定。

（2）变压器。

① 330 kV 及以上主变压器和并联电抗器处必须装设一组避雷器,并应尽可能靠近设备本体。

② 220 kV 及以下变压器到避雷器的电气距离超过允许值时,应在变压器附近增设一组避雷器。

③ 自耦变压器的两个自耦合绕组的出线上各装设一组避雷器,并应接在变压器与变压器侧的隔离开关之间。

④ 下列情况的变压器的低绕组三相出线上应装设避雷器:a. 与架空线路连接的三绕组变压器低压侧,有开路运行的可能;b. 发电厂的双绕组变压器,当发电机断开时由高压侧倒送厂用电。

⑤ 下列情况的变压器中性点应装设避雷器:a. 直接接地系统中,变压器中性点为分级绝缘且未装设保护间隙;变压器中性点为全绝缘,但变电所为单进线且为单台变压器运行。b. 非直接接地系统中,多雷区的单进线变电所的变压器中性点。

（3）发电机及调相机。

① 单元接线中的发电机出口宜装设一组避雷器。

② 接在发电机端电压母线上的发电机,当其容量为 25 MW 及以上时,应在发电机出线处装设一组避雷器;当其容量为 25 MW 以下时,应尽量将母线上的避雷器靠近电机装设或装在电机出线上。

③ 如果直配线发电机中性点能引出且未直接接地,应在中性点装设一组避雷器。

④ 连接在变压器低压侧的调相机出线处应装设一组避雷器。

（4）线路。

① 330~500 kV 配电装置,采用一台半断路器接线时,应在其线路侧装设一组避雷器。

② 35~220 kV 配电装置,在雷季,如果线路的隔离开关或断路器可能经常断路运行,同时线路侧又带电,应在靠近隔离开关或断路器处装设一组避雷器。

③ 发电厂、变电所的 35 kV 及以上电缆进线段,在电缆与架空线的连接处应装设避雷器。

④ 3~10 kV 配电装置的架空线上,一般装设一组避雷器;有电缆段的架空线,避雷器应装设在电缆头附近。

⑤ SF 全封闭组合电器的架空线路必须装设避雷器。

2.5.4 电能计量方式和仪表的配置

变电所的电能计量方式分为:高供高计、高供低计、低供低计。计量方式应按电压等级和变压器容量确定。

（1）对变压器容量在 630 kV·A 及以上的高压电力用户,应采用高压侧计量,称为高供高计。

(2) 对容量在 500 kV·A 及以下的 10 kV 公用配电网供电或容量在 315 kV·A 及以下的 35 kV 供电的高压电力用户,可在低压侧计量,称为高供低计。

(3) 由供电企业公用变压器供电的低压电力用户实行低压侧计量,称为低供低计。

仪表配置参见《电力工程》(王艳松,中国石油大学出版社,2012)和《电测量及电能计量装置设计技术规程》(DL/T 5137)。

2.6 配电系统接线方式的选择

高中压配电系统电压等级分为 110 kV,35 kV,10 kV;低压配电系统电压等级为 220/380 V。配电网中各变电所和线路之间的连接方式,称为配电系统接线方式。配电系统接线方式设计应遵循以下原则:

(1) 便于运行及维护检修;
(2) 优化网架结构,降低线损;
(3) 保证经济、安全运行;
(4) 节约设备和材料,投资合理;
(5) 适应配电自动化的需要;
(6) 有利于提高供电可靠性和电压质量;
(7) 灵活地适应系统各种可能的运行方式。

常见配电系统的接线方式主要有放射式、树干式、环网式及它们的组合形式。

2.6.1 高压配电系统的接线方式

(1) 根据负荷对供电可靠性的要求、配电变压器的容量及分布、环境条件等情况,选择高压配电系统的接线方式。

(2) 高压配电系统应简单可靠,同一电压等级的配电级数不宜多于两级。

高压配电系统常见接线方式如表 2-4 所示。对于可靠性要求很高的用户,一般采用有备用的接线方式,如采用架空线路时为双回路,采用电缆线路时可分多回路。为避免双回路同时故障而使变电所全停,应尽可能在两侧有电源。当线路上接入 3 个及以上变电所时,线路宜在两侧有电源,但正常运行时两侧电源不并列。

表 2-4 高压配电系统常见接线方式

接线方式	接线图	适用场合
单回路放射式		一般用于配电给二级、三级负荷或专用高压设备。用于二级负荷时宜有备用电源。若有独立自备电源,也可配电给一级负荷

续表

接线方式	接线图	适用场合
双回路放射式	(见图)	用于配电给一级、二级负荷。用于一级负荷时,双回路的供电电源应可靠
有公共备用干线的放射式	(见图)	一般用于配电给二级负荷。若公共备用干线电源可靠,也可配电给一级负荷
单回路树干式	(见图)	一般用于配电给三级负荷。每回线路装接的变压器不超过5台,容量一般不超过20 000 kV·A
单侧供电的双回路树干式	(见图)	用于配电给二级、三级负荷。当供电电源可靠时,可配电给一级负荷

续表

接线方式	接线图	适用场合
双侧供电的双回路树干式		用于配电给二级负荷。当供电电源可靠时,可配电给一级负荷
单侧供电的普通环式		用于配电给二级、三级负荷。一般采用开环运行或两路电源一备一用
双侧供电的拉手环式		用于配电给二级、三级负荷。一般采用开环运行。开环点在某一侧供电电源处或负荷分界处
双侧供电的双线环式		用于配电给一级、二级负荷。一般采用开环运行。开环点在负荷分界处

注:HSS 为总降压变电所;HDS 为高压配电所;STS 为车间变电所。

2.6.2 低压配电系统的接线方式

(1) 低压配电系统的接线方式应根据工程性质、规模、负荷容量等因素综合考虑,应满足生产和使用所需的供电可靠性和电能质量的要求,同时应注意接线简单,操作方便、安全,具有一定的灵活性,能适应生产和使用上的变化及设备检修的需要。

(2) 自变压器二次侧至用电设备之间的低压配电级数不宜超过三级。

(3) 在正常环境的车间或建筑物内,当大部分用电设备容量不很大,且无特殊要求时,宜采用树干式配电。

(4) 当用电设备容量大,或负荷性质重要,或在潮湿、腐蚀性环境的车间、建筑内,宜采用放射式配电。

(5) 当一些容量很小的次要用电设备距供电点较远,而彼此相距很近时,可采用链式配电。但每一回路链接设备不宜超过 5 台,总容量不超过 10 kW。当供电给小容量用电设备的插座时,每一回路的链接设备数量可适当增加。

(6) 在高层建筑内,当向楼层各配电点供电时,宜用分区树干式配电,但部分较大容量的集中负荷或重要负荷,应从低压配电室以放射式配电。

(7) 平行的生产流水线或互为备用的生产机组,根据生产要求,宜用不同的母线或线路配电。同一生产流水线的各用电设备,宜由同一母线或线路配电。

(8) 单相用电设备的配置应力求三相平衡。在 TN 系统及 TT 系统的低压电网中,如选 Y,yn0 连接组别的三相变压器,则其由单相负荷三相不平衡引起的中性线电流不得超过 Y,yn0 连接组别的变压器低压绕组额定电流的 25%,且任一相的电流不得超过额定电流值。

(9) 冲击负荷和用量较大的电焊设备,宜与其他用电设备分开,用单独线路或变压器供电。

(10) 配电系统的设计应便于运行、维修,当生产班组或工段比较固定时,一个大厂房可分车间或工段配电,多层厂房宜分层设置配电箱,每个生产小组可考虑设单独的电源开关。实验室的每套房间宜有单独的电源开关。

(11) 在用电单位内部的邻近变电所之间宜设置低压联络线。

(12) 由建筑物外引进的配电线路,应在屋内靠近进线点、便于操作维护的地方装隔离电器。

由树干式系统供电的配电箱,其进线开关宜选用带保护的开关;由放射式系统供电的配电箱,其进线可以用隔离开关。

低压配电系统常见接线方式及适用场合见表 2-5。

表 2-5 低压配电系统常见接线方式

接线方式	接线图	适用场合
单回路放射式	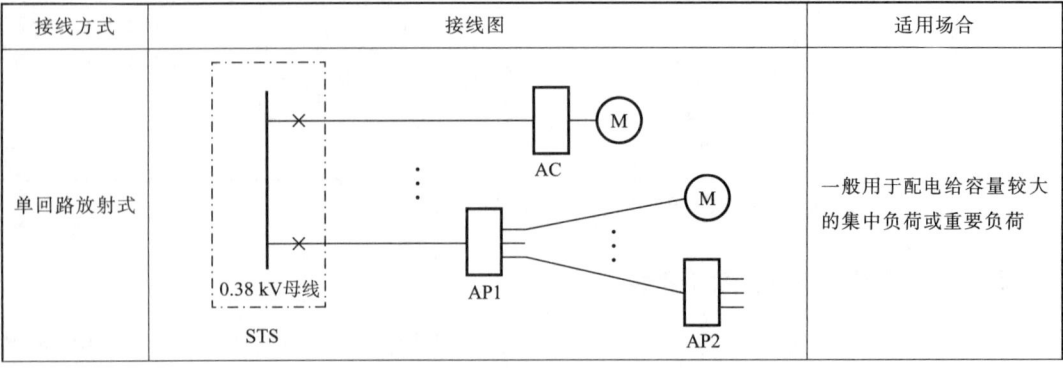	一般用于配电给容量较大的集中负荷或重要负荷

续表

接线方式	接线图	适用场合
双回路放射式	(0.38 kV母线 STS；ATC-M；AT-M；AP)	用于配电给一级、二级负荷。用于消防负荷时,应在末级配电箱处自动切换
单回路树干式	(0.38 kV母线 STS；AP1、AP2、AP5)	一般用于配电设备布置比较均匀、容量不大、无特殊要求的场合
双回路树干式	(0.38 kV母线 STS；AP1、AP2、AP5)	用于配电给二级负荷。当供电电源可靠时,可配电给一级负荷
环式	(0.38 kV母线 STS；环网节点；AP1、AP2、AP5、AP6)	用于配电给二级、三级负荷。一般采用开环运行
链式	(AP-M-M-M；AL-灯-灯-灯)	用于配电给彼此相距很近、容量很小的次要用电设备组,如生产线上的一组小容量电机、一组照明灯具、一组电源插座

注:AC为控制箱;AP为动力箱;AT为双电源切换箱;AL为照明配电箱。

2.7 供配电系统方案的技术经济比较

在变电所布局和电源布局的基础上,供配电系统的方案选择就显得十分重要了。选择出良好的接线方案,对于电力网的投资、建设、运行和发展都有重要意义。接线方案的选择原则和方法是:首先列出若干个技术上合理又满足供电要求的方案,然后进行调查研究,分析比较,最后选择出技术上先进、便于拓展又比较经济的接线方案。

供配电系统方案的选择原则和方法如下。

(1) 采用分区供电的原则。

分区供电是将计划供电地区,根据能源分配原则,即损耗最小和线路距离最短的原则,以及其他技术上的要求,分成若干区域,先在每个分区中选择接线方案,最后再整体分析。这是一种割裂的研究方法,是保证系统安全经济运行,减少初步方案的罗列,提高接线方案选择质量和速度的重要方法。

(2) 采用筛选法。

先将列出的每一个接线方案,从供电的可靠性,运行、检修的灵活性,以及象征变电所投资大小的高压断路器数,象征线路投资大小的线路长度等方面,列表进行分析比较,筛去明显不合理的方案,暂留一批比较合理的方案。

然后计算每一暂留方案的电压损耗、电能损耗、线路及变电所的综合投资、主要原材料消耗量、暂留方案的年运行费及年费用,以及无功补偿设备的综合投资等,随之进行第二次分析比较,筛去不合理的方案……如此筛选,最后选择出一个最理想的接线方案。

在筛选时,如果每次参与比较的方案较多,难于判断,则应该采用量化的方法。

(3) 采用先技术后经济的比较原则。

在进行供配电方案选择时,必须先进行技术比较,然后再进行经济比较。在技术上不能满足要求的接线方案,追求经济目标是没有意义的。如果某些接线方案技术上合理又能满足供电要求,则应追求最经济的目标。

供电设计不仅要满足生产工艺提出的各项具体要求,保证安全可靠地提供电能,而且要力求经济合理、投资少、运行费用低。这就需要对几个切实可行的设计方案进行技术和经济的比较,选择一个技术上最佳和经济上合理的方案。

技术经济比较一般包括技术指标、经济计算和有色金属消耗量三个方面。

2.7.1 技术指标

技术指标的内容包括:
(1) 供电的可靠性与运行的灵活性;
(2) 电能质量;
(3) 运行管理、检修维护及施工条件;
(4) 继电及自动化操作的复杂程度;
(5) 其他方面的有利及不利条件;
(6) 交通运输及施工条件;
(7) 发热温度、电晕损耗及机械强度的要求;
(8) 发展的可能性等。

2.7.2 经济计算

经济计算包括基本建设投资（基建投资）和年运行费两大项。

1）基建投资 Z

基建投资一般采用供配电系统中各主要设备从订货到安装完成所需要的全部工程费用的综合投资指标表示。

线路和设备的综合投资额包括线路和设备本身的价格及其运输费、基建安装费、管理费等。其中，安装费可参照《全国统一安装工程预算定额》第二册《电气设备安装工程》的规定计算，运输费可按实际情况估算。在初步设计或方案设计中，通常是采用线路和设备本身的价格乘以一个大于1的系数作为线路和设备的综合投资。

线路综合投资包括线材、杆塔、施工、征地等费用。

变电所综合投资包括变电所设备本体价值、辅助设备及配件价值、材料费、设备的试验调整费用、土建及安装费用，也包括设备的运输费。表 2-6 为变/配电所变压器和高压设备综合投资估算表，供参考。

表 2-6　变/配电所变压器和高压设备综合投资估算

序号	设备名称	型号规格	单位	数量	设备价格		设备综合投资	
					价格	总金额	设备价倍数	总投资
1	电力变压器		台				约 2	
2	高压开关柜	固定式	台				约 1.5	
		手车式	台				约 1.3	
3	高压计量柜		台				约 1.5	
4	高压电容器柜		台				约 1.4	

供配电系统的综合投资费用为：

$$Z = Z_1 + Z_b \tag{2-12}$$

式中，Z_1 为线路综合投资，万元；Z_b 为变电所综合投资，包括变压器、开关设备、配电装置等综合投资，万元。

2）年运行费 F

年运行费是指设备投入运行后每年所付出的费用。变/配电系统的年运行费包括线路和设备的折旧费、维修管理费和电能损耗费等。线路和设备的折旧费和维修管理费通常都取为线路和设备综合投资的一个百分数，如表 2-7 所示。

表 2-7　变/配电所变压器和高压设备及线路年运行费估算

序号	项目		计算标准	金额	备注
1	变/配电设备折旧费	主变压器	设备综合投资/万元		
			占综合投资百分数	约 5%	
		配电设备	设备综合投资/万元		指高压开关柜和计量柜
			占综合投资百分数	约 6%	

续表

序号	项 目	计算标准		金额	备 注
2	线路折旧费	线路综合投资/万元			指高压线路和电缆线路
		占综合投资百分数	约4%		
3	变/配电设备维修管理费	设备综合投资/万元			
		占综合投资百分数	约6%		
4	线路维修管理费	线路综合投资/万元			
		占综合投资百分数	约5%		

(1) 设备折旧费 F_z。

供电系统的各种设备在运行期间将逐年陈旧、老化,因此过了一定的使用年限就需要更换新的设备。对每一设备每年所必须提供的资金称为折旧费。设备折旧费一般按设备综合投资 Z 的一个百分数提取,这个百分数称为折旧率 C_1。电力工程各类装置的折旧率可查表求得。

折旧费按下式计算:

$$F_z = Z \times C_1 \text{(万元/年)} \tag{2-13}$$

(2) 设备维修管理费 F_w。

为使供电系统保持良好的性能和正常运行,必须对各种设备经常进行维护检修和管理,为此需配备各种管理所需的设备及交通工具等,所需的费用统称为设备的维修管理费。设备维护管理费一般也按设备综合投资 Z 的百分数计算,这个百分数称为维修管理费率 C_2。

维修管理费按下式计算:

$$F_w = Z \times C_2 \text{(万元/年)} \tag{2-14}$$

(3) 年电能损耗费 F_A。

供配电系统年电能损耗费包括各变压器年电能损耗费和线路年电能损耗费,按下式计算:

$$F_A = \beta \left(\sum \Delta A_T + \sum \Delta A_w \right) \times 10^{-4} \text{(万元/年)} \tag{2-15}$$

式中,β 为电价,元/度(1度=1 kW·h),按当地电业局规定的电价计算;$\sum \Delta A_T$ 为供配电系统变压器全年电能损耗总和,kW·h;$\sum \Delta A_w$ 为供配电系统 1 kV 以上的线路全年电能损耗总和,kW·h。

$$\Delta A_T = \left[\Delta P_0 + \Delta P_k \left(\frac{S_c}{S_N} \right)^2 \right] T \tag{2-16}$$

$$\Delta A_w = \Delta P_w \tau \tag{2-17}$$

式中,ΔP_0 为变压器空载有功损耗,kW;ΔP_k 为变压器短路有功损耗,kW;T 为变压器全年投入运行小时数,可取 8 760 h;S_c 为变压器计算负荷,kV·A;S_N 为变压器额定容量,kV·A;ΔP_w 为三相线路中有功功率损耗,kW·h;τ 为年最大负荷损耗小时数,h,可根据年最大负荷利用小时数 T_{max} 及功率因数 $\cos\varphi$ 由表 2-8 查得。

(4) 年基本电价费 F_j。

年基本电价费根据与供电部门签订的计费方法协议收取,为二部电价制,用下式计算:

$$F_j = 12 \times 基本电价 \times 总降压变电所主变压器总容量 \times 10^{-4} \quad (万元/年) \qquad (2\text{-}18)$$

因此,整个供电系统的年运行费用 F 为:

$$F = F_z + F_w + F_A + F_j \qquad (2\text{-}19)$$

表 2-8 年最大负荷利用小时数 T_{max} 与损耗小时数 τ 的关系表

T_{max} \ $\cos\varphi$ \ τ	0.80	0.85	0.90	0.95	1.00
2 000	1 500	1 200	1 000	800	700
2 500	1 700	1 500	1 250	1 100	950
3 000	2 000	1 800	1 600	1 400	1 250
3 500	2 350	2 150	2 000	1 800	1 600
4 000	2 750	2 600	2 400	2 200	2 000
4 500	3 150	3 000	2 900	2 700	2 500
5 000	3 600	3 500	3 400	3 200	3 000
5 500	4 100	4 000	3 950	3 750	3 600
6 000	4 650	4 600	4 500	4 350	4 200
6 500	5 250	5 200	5 100	5 000	4 850
7 000	5 950	5 900	5 800	5 700	5 600
7 500	6 650	6 600	6 550	6 500	6 400
8 000	7 400		7 350		7 250

2.7.3 有色金属消耗量

有色金属消耗包括变压器和线路两个部分,并有铜、铝等不同品种。为便于比较,通常将各种有色金属折算到同一品种。1 t 铝相当于 0.5 t 铜,1 t 铅相当于 0.4 t 铜或 0.8 t 铝。

当线路导线的材料和截面面积确定后,便可查出该线路所用材料的单位长度质量 m_1(kg/km),同时已知线路长度为 l(km),即可用下式估算出线路有色金属消耗量 m(t):

$$m = 3m_1 l \times 10^{-3} \qquad (2\text{-}20)$$

变压器有色金属消耗量应查阅其技术数据确定。无处查询时,铝芯变压器可按其器身质量(吊芯质量)的 14% 估计其铝消耗量,铜芯变压器可按其器身质量的 21% 估算其铜消耗量。

2.7.4 经济比较与方案确定

总降压变电所由于电气主接线方案不同,相应的电气设备规格型号也不同,所以其基建投资和年运行费亦有差别。对于配电系统,由于总降压变电所的位置不同或配电线路的路径和结构不同,可以提出多种设计方案,对于多种设计方案可以先进行简单的技术经济分析,淘汰一些明显不合理或技术经济指标不够理想的方案,选择 2~3 个较佳方案进行详细的技术经济比较,最后确定一个技术经济指标较好的方案。

方案的经济计算相同部分有时可以不计算。

在算出基建投资 Z 和年运行费 F 后，如果有两个方案在技术上相当，则一般应优先采用投资和年运行费都较小的方案。

若两个方案中第一方案基建投资高而年运行费低，第二方案基建投资低而年运行费高，则需用抵偿年限 T 来决定。抵偿年限表示多投资的费用通过节约的运行费用"抵偿"的年限，用下式计算：

$$T=\frac{Z_1-Z_2}{F_2-F_1} \tag{2-21}$$

式中，Z_1，Z_2 分别为第一、第二方案的基建投资，F_1，F_2 分别为第一、第二方案的年运行费。

将算得的抵偿年限 T 与国家根据国民经济发展、资金合理运用而统一规定的标准抵偿年限 T_b 比较，如果 $T<T_b$，则表示多投入的资金的回收期较短，采用基建投资高而年运行费低的方案；如果 $T>T_b$，则表示多投入的资金的回收期较长，采用基建投资小的方案；如果无法取得 T_b 的确切资料，可暂按 5 年考虑。

如果技术上相当的方案数目超过两个，为了便于比较，常采用计算费用最小的方法。计算费用按下式计算：

$$F_{js}=\frac{Z}{T_b}+F \tag{2-22}$$

式中，F_{js} 为计算费用。

将各个方案的计算费用 F_{js} 计算出来后，取其中 F_{js} 最小的即为经济效果最佳的方案。

在选择供配电系统方案时，地区能源结构、发展方针、设计年代、施工技术条件、经济指标与效益等，必须符合国家的现行政策。

第 3 章 负荷计算与无功功率补偿

要使供配电系统在正常条件下可靠运行,必须正确选择电力变压器、开关设备及导线、电缆等,这就需要进行负荷计算。在供配电系统设计中,基于电力负荷计算结果合理设计无功功率补偿,可以提高供配电设备的利用率,减少设备容量的投资。本章主要介绍电力负荷计算方法、无功功率补偿方式和补偿容量的计算方法,重点介绍按需要系数法进行供配电系统电力负荷计算的流程。

3.1 设备容量

3.1.1 用电设备的工作制

(1) 连续运行工作制(长期工作制):指用电设备工作时间长,连续运行。这类设备的温升趋近于稳定。

(2) 短时运行工作制(短时工作制):指用电设备工作时间很短而停歇时间很长。这类设备在工作时间内来不及发热到稳定温升就开始冷却,而其发热足以在停歇时间内冷却到周围介质的温度。

(3) 断续周期工作制(反复短时工作制):指用电设备周期性地时而工作,时而停歇,如此反复运行。这类设备在工作时间内达不到稳定温升,而且在停歇时间内设备温度也恢复不到周围介质温度。

通常用暂载率(负荷持续率)ε 来表示反复短时工作制用电设备的工作繁重程度,即

$$\varepsilon = \frac{t}{T} \times 100\% = \frac{t}{t+t_0} \times 100\% \tag{3-1}$$

式中,T 为工作周期;t 为一个周期内的工作时间;t_0 为一个周期内的停歇时间。

吊车用电动机的标准暂载率有 15%、25%、40% 和 60% 四种;电焊设备的标准暂载率有 50%、65%、75% 和 100% 四种。

3.1.2 设备容量的计算

1) 长期工作制和短时工作制的设备容量

其设备容量就是铭牌上的额定功率,即

$$P_e = P_N \tag{3-2}$$

式中，P_N 和 P_e 分别为设备的额定功率和设备容量。

2）断续周期工作制的设备容量

其设备容量是指换算到统一暂载率下的额定功率。

（1）吊车电动机组：指统一换算到 $\varepsilon=25\%$ 时的额定功率。

$$P_e = P_N \sqrt{\frac{\varepsilon_N}{\varepsilon_{25}}} = 2P_N \sqrt{\varepsilon_N} \tag{3-3}$$

（2）电焊机组：指统一换算到 $\varepsilon=100\%$ 时的额定功率。

$$P_e = P_N \sqrt{\frac{\varepsilon_N}{\varepsilon_{100}}} = P_N \sqrt{\varepsilon_N} \tag{3-4}$$

式中，ε_N 为额定暂载率。

3）照明设备的设备容量

照明设备的设备容量为光源的额定功率加上附属设备（如镇流器）的功率损耗。

（1）白炽灯、碘钨灯：$P_e = P_N$。

（2）荧光灯：$P_e = 1.2 P_N$（考虑镇流器中的功率损耗约为灯泡功率的 20%）。

（3）高压水银荧光灯和金属卤化物灯：$P_e = 1.1 P_N$（考虑镇流器中的功率损耗约为灯泡功率的 10%）。

4）单相负荷的设备容量

在供电系统中，除了广泛应用三相电气设备外，还应用各种单相电气设备，特别是民用建筑物，大量应用的是各种单相电气设备。单相设备应尽可能均衡分配，使三相负荷尽可能地平衡。如果单相用电设备的总容量不超过三相用电设备总容量的 15%，则不论设备如何分配，单相设备都可与三相设备综合，按三相负荷平衡计算；如果单相设备容量超过三相设备容量的 15%，则应将其换算为等效的三相设备容量，再同三相用电设备一起进行三相负荷计算。

由于确定计算负荷的主要目的是选择供配电系统中的电气设备和导线电缆，使设备和导线在最大负荷电流流过时不致过热或烧毁，因此，只要三相负荷不平衡，就应以最大负荷相有功负荷的 3 倍作为等效三相有功功率。

单相负荷等效成三相负荷的换算方法如下。

（1）单相设备接于相电压时。

等效三相设备容量为：

$$P_e = 3 P_{e.m\varphi} \tag{3-5}$$

式中，P_e 为等效三相设备容量，kW；$P_{e.m\varphi}$ 为最大负荷相所接的单相设备容量，kW。

（2）单相设备接于同一线电压时。

由于容量为 $P_{e.\varphi}$ 的单相设备接在线电压上产生的电流 $I = P_{e.\varphi}/(U_N \cos\varphi)$，这一电流应与等效三相设备容量 P_e 产生的电流 $I' = P_e/(\sqrt{3} U_N \cos\varphi)$ 相等，因此等效三相设备容量为：

$$P_e = \sqrt{3} P_{e.\varphi} \tag{3-6}$$

式中，$P_{e.\varphi}$ 为接于同一线电压的单相设备容量，kW。

通常，单相设备既有接于相电压的又有接于线电压的，此时应首先将接于线电压的单相设备容量换算为接于相电压的设备容量，换算公式如下（下列公式省略了设备容量的下标 e）：

A 相

$$\begin{cases} P_A = p_{AB\text{-}A}P_{AB} + p_{CA\text{-}A}P_{CA} \\ Q_A = q_{AB\text{-}A}Q_{AB} + q_{CA\text{-}A}Q_{CA} \end{cases} \quad (3\text{-}7)$$

B 相

$$\begin{cases} P_B = p_{BC\text{-}B}P_{BC} + p_{AB\text{-}B}P_{AB} \\ Q_B = q_{BC\text{-}B}Q_{BC} + q_{AB\text{-}B}Q_{AB} \end{cases} \quad (3\text{-}8)$$

C 相

$$\begin{cases} P_C = p_{CA\text{-}C}P_{CA} + p_{BC\text{-}C}P_{BC} \\ Q_C = q_{CA\text{-}C}Q_{CA} + q_{BC\text{-}C}Q_{BC} \end{cases} \quad (3\text{-}9)$$

式中,P_{AB},P_{BC},P_{CA} 分别为接于 AB,BC,CA 相间的单相用电设备容量,kW;P_A,P_B,P_C 为换算为 A,B,C 相上的有功设备容量,kW;Q_{AB},Q_{BC},Q_{CA} 分别为接于 AB,BC,CA 相间的单相无功设备容量,kvar;Q_A,Q_B,Q_C 为换算为 A,B,C 相上的无功设备容量,kvar;$p_{AB\text{-}A}$ 等及 $q_{AB\text{-}A}$ 等分别为有功功率及无功功率换算系数,见表 3-1。

表 3-1 相间负荷换算为相负荷的功率换算系数

功率换算系数	负荷功率因数								
	0.35	0.40	0.50	0.60	0.65	0.70	0.80	0.90	1.00
$p_{AB\text{-}A}$,$p_{BC\text{-}B}$,$p_{CA\text{-}C}$	1.27	1.17	1.00	0.89	0.84	0.80	0.72	0.64	0.50
$p_{AB\text{-}B}$,$p_{BC\text{-}C}$,$p_{CA\text{-}A}$	−0.27	−0.17	0.00	0.11	0.16	0.20	0.28	0.36	0.50
$q_{AB\text{-}A}$,$q_{BC\text{-}B}$,$q_{CA\text{-}C}$	1.05	0.86	0.58	0.38	0.30	0.22	0.09	−0.05	−0.29
$q_{AB\text{-}B}$,$q_{BC\text{-}C}$,$q_{CA\text{-}A}$	1.63	0.44	1.16	0.96	0.88	0.80	0.67	0.53	0.29

然后分相计算各相的设备容量,找出最大负荷相的单相设备容量,取其 3 倍即为总的等效三相设备容量。

3.2 负荷计算方法

计算负荷是按发热条件选择导体和电气设备的一个假想负荷。计算负荷产生的热效应和实际变动负荷产生的热效应相等,所以根据计算负荷选择的电气设备和导线电缆在实际运行中其最高温升不会超过允许值。一般中小截面导体的发热时间常数 τ 为 10 min 以上,而导体通过电流达到稳定温升的时间一般为 $3\tau \sim 4\tau$,即载流导体大约经 30 min 后可达到稳定温升值。对于较大面积的导体,发热时间常数往往大于 10 min,也就是载流导体大约经 30 min 后可达到稳定的温升值。因此,计算负荷 P_c 实际上与年负荷曲线上的 30 min 最大负荷 P_{30} 是基本相当的,所以计算负荷也可以认为是 30 min 的最大负荷,即 $P_c = P_{max} = P_{30}$。

负荷计算的方法包括:需要系数法、二项式法和单位容量法。需要系数法适用于变/配电所的负荷计算,不适用于用电设备台数少而功率相差悬殊的情况;二项式法考虑用电设备数量和大容量设备对计算负荷的影响,用于机械加工企业的低压配电支干线、配电箱的负荷计算;单位容量法是指按单位面积、单位产量等计算负荷的方法。

3.2.1 用需要系数法确定计算负荷

年负荷曲线中的最大负荷有功功率 P_{max} 与全部用电设备的设备容量 $\sum P_e$ 之比,称为

需要系数 K_d，即

$$K_d = \frac{P_{\max}}{\sum P_e} \qquad (3\text{-}10)$$

需要系数法是将用电设备的设备容量乘以需要系数和同时系数，直接求出计算负荷的一种简便计算方法。其中，典型用电设备、用电设备组、车间和各种企业的需要系数 K_d 和功率因数 $\cos\varphi$ 见附录1。

1) 用电设备组的计算负荷

在确定各用电设备的设备容量之后，将工艺性质相同、需要系数相近的一些设备合并成一组用电设备，按下列公式计算用电设备组的计算负荷。

有功功率计算负荷：

$$P_c = K_d \sum P_e \qquad (3\text{-}11)$$

式中，K_d 为该用电设备组的需要系数。

无功功率计算负荷：

$$Q_c = P_c \tan\varphi \qquad (3\text{-}12)$$

视在功率计算负荷：

$$S_c = \sqrt{P_c^2 + Q_c^2} \qquad (3\text{-}13)$$

计算电流：

$$I_c = \frac{S_c}{\sqrt{3}U_N} \qquad (3\text{-}14)$$

2) 多组用电设备的计算负荷

在确定拥有多组用电设备的低压配电干线上或变电所低压母线上的计算负荷时，应考虑各组用电负荷的最大负荷不同时出现的因素。因此，在确定低压配电干线上或低压母线上的计算负荷时，可结合具体情况对其有功功率计算负荷和无功功率计算负荷计入一个同时系数（又称参差系数或综合系数）K_Σ。

对于干线：可取 $K_{\Sigma p}=0.85\sim0.95$，$K_{\Sigma q}=0.90\sim0.97$。其中，$K_{\Sigma p}$ 为有功功率同时系数；$K_{\Sigma q}$ 为无功功率同时系数。

对于低压母线：由用电设备计算负荷直接相加来计算时，可取 $K_{\Sigma p}=0.80\sim0.90$，$K_{\Sigma q}=0.85\sim0.95$；由干线负荷直接相加来计算时，可取 $K_{\Sigma p}=0.90\sim0.95$，$K_{\Sigma q}=0.93\sim0.97$。

根据设计经验，无功功率的同时系数比有功功率的同时系数高些，民用建筑多组用电设备的同时系数比工厂多组用电设备的同时系数低些。

总有功功率计算负荷：

$$P_{c\Sigma} = K_{\Sigma p} \sum P_c \qquad (3\text{-}15)$$

总无功功率计算负荷：

$$Q_{c\Sigma} = K_{\Sigma q} \sum Q_c \qquad (3\text{-}16)$$

总视在功率计算负荷：

$$S_{c\Sigma} = \sqrt{P_{c\Sigma}^2 + Q_{c\Sigma}^2} \qquad (3\text{-}17)$$

例 3-1 某机械加工车间 380 V 线路上，接有流水作业的金属切削机床电动机 30 台共 85 kW（其中较大容量电动机有 11 kW 1 台，7.5 kW 3 台，4 kW 6 台），通风机 3 台共 5 kW，吊车 1 台 3 kW($\varepsilon_N=40\%$)。试用需要系数法确定此 380 V 线路上的计算负荷。

解 先求各组的计算负荷。

(1) 金属切削机床组，查表取 $K_d=0.16, \cos\varphi=0.5, \tan\varphi=1.73$，因此：

$$P_{c(1)} = K_d\sum P_e = 0.16\times 85 = 13.6 \text{ (kW)}$$

$$Q_{c(1)} = P_{c(1)}\tan\varphi = 13.6\times 1.73 = 23.53 \text{ (kvar)}$$

(2) 通风机组，查表取 $K_d=0.8, \cos\varphi=0.8, \tan\varphi=0.75$，因此：

$$P_{c(2)} = K_d\sum P_e = 0.8\times 5 = 4 \text{ (kW)}$$

$$Q_{c(2)} = P_{c(2)}\tan\varphi = 4\times 0.75 = 3 \text{ (kvar)}$$

(3) 吊车组，查表取 $K_d=0.15, \cos\varphi=0.5, \tan\varphi=1.73$，而 $\varepsilon=40\%$，故：

$$P_e = 2P_N\sqrt{\varepsilon_N} = 2\times 3\times\sqrt{0.4} = 3.795 \text{ (kW)}$$

因此：

$$P_{c(3)} = K_d\sum P_e = 0.15\times 3.795 = 0.569 \text{ (kW)}$$

$$Q_{c(3)} = P_{c(3)}\tan\varphi = 0.569\times 1.73 = 0.984 \text{ (kvar)}$$

取 $K_\Sigma=0.9$，可求得总的计算负荷为：

$$P_c = K_{\Sigma p}\sum P_c = 0.9\times(13.6+4+0.569) = 16.35 \text{ (kW)}$$

$$Q_c = K_{\Sigma q}\sum Q_c = 0.9\times(23.53+3+0.984) = 24.76 \text{ (kvar)}$$

$$S_c = \sqrt{P_{c\Sigma}^2+Q_{c\Sigma}^2} = \sqrt{16.35^2+24.76^2} = 29.67 \text{ (kV·A)}$$

$$I_c = \frac{S_c}{\sqrt{3}U_N} = \frac{29.67}{\sqrt{3}\times 0.38} = 45.1 \text{ (A)}$$

3.2.2 用二项式法确定计算负荷

长期运行统计数字表明，在运行中，若干台大容量电动机同时在某一段时间内满载运行或频繁同时起动，是出现"尖峰负荷"的主要原因，且该"尖峰负荷"的大小不仅与大容量电机的台数有关，还与电机所传动的机械设备的性质有关。对容量差别很大且负荷曲线不同的两类负荷合并成一组用电设备，也可根据需要系数的定义将它们转化为用两个二项式系数 b 和 c 表示出总设备容量、大容量机组负荷与最大计算负荷的比值。应用二项式法将用电设备组的计算负荷分为两项计算：第一项是用电设备组的平均最大负荷值，该项为基本负荷值；第二项是考虑数台最大容量用电设备对总计算负荷的影响而计入的附加功率值 $\Delta P = cP_x$，P_x 表示 x 台大容量电动机综合影响系数，c 和 x 的取值与用电设备的性质有关。同样，在已知各用电设备的设备功率之后，分别按下述情况计算。

1) 单组用电设备的计算负荷

单组用电设备的计算负荷按下式计算：

$$\left.\begin{aligned}P_c &= c\sum P_x + b\sum P_e \\ Q_c &= P_c\tan\varphi \\ S_c &= \sqrt{P_c^2+Q_c^2} \\ I_c &= S_c/(\sqrt{3}U_N)\end{aligned}\right\} \quad (3\text{-}18)$$

式中，$\sum P_x$ 为该设备组中 x 台容量最大用电设备的设备容量之和，kW；b 和 c 为二项式系数，见附录 1；$c\sum P_x$ 为由 x 台容量最大用电设备投入运行时增加的附加负荷，kW；$b\sum P_e$ 为该用电设备组的平均负荷，kW。

2) 多组用电设备的计算负荷

不同类型的 m 个用电设备组，其二项式计算方法为：

$$\left.\begin{aligned}P_c &= (c\sum P_x)_{\max} + \sum(b\sum P_e) \\ Q_c &= (c\sum P_x)_{\max}\tan\varphi_x + \sum\left[(b\sum P_e)\tan\varphi\right] \\ S_c &= \sqrt{P_c^2 + Q_c^2} \\ I_c &= S_c/(\sqrt{3}U_N)\end{aligned}\right\} \quad (3\text{-}19)$$

式中，$(c\sum P_x)_{\max}$ 为各用电设备组附加负荷 $c\sum P_x$ 中的最大值，kW；$\sum(b\sum P_e)$ 为各用电设备组平均负荷的总和；$\tan\varphi_x$ 为与 $(c\sum P_x)_{\max}$ 相对应的功率因数角的正切值；$\tan\varphi$ 为各用电设备组对应的功率因数的正切值。

用二项式法计算时，应将计算对象的所有用电设备统一分组，然后进行计算，不应逐级计算后再代数相加。同时，各用电设备组第一、第二项分别累加的结果不再乘以同时系数。因为二项式法求多组设备计算负荷是由第二项功率加各组第一项中的最大值作为其计算负荷值的，这与需要系数法为各用电设备组计算功率的代数和截然不同。

例 3-2 试用二项式系数法确定例 3-1 所述机械加工车间 380 V 线路上的计算负荷。

解 先求各用电设备组的计算负荷。

(1) 金属切削机床组，查表得 $b=0.14, c=0.4, x=5, \cos\varphi=0.5, \tan\varphi=1.73$，因此：

$$b\sum P_e = 0.14 \times 85 = 11.9 \text{ (kW)}$$

$$c\sum P_x = 0.4 \times (11\times1 + 7.5\times3 + 4\times1) = 15 \text{ (kW)}$$

$$P_{c(1)} = c\sum P_x + b\sum P_e = 11.9 + 15 = 26.9 \text{ (kW)}$$

$$Q_{c(1)} = P_{c(1)}\tan\varphi = 26.9 \times 1.73 = 46.54 \text{ (kvar)}$$

(2) 通风机组，查表得 $b=0.65, c=0.25, x=3, \cos\varphi=0.8, \tan\varphi=0.75$，因此：

$$b\sum P_e = 0.65 \times 5 = 3.25 \text{ (kW)}$$

$$c\sum P_x = 0.25 \times 5 = 1.25 \text{ (kW)}$$

$$P_{c(2)} = c\sum P_x + b\sum P_e = 3.25 + 1.25 = 4.5 \text{ (kW)}$$

$$Q_{c(2)} = P_{c(2)}\tan\varphi = 4.5 \times 0.75 = 3.375 \text{ (kvar)}$$

(3) 吊车组，查表得 $b=0.06, c=0.2, x=1, \cos\varphi=0.5, \tan\varphi=1.73$，吊车在 $\varepsilon=40\%$ 时，$P_N=3$ kW，换算到 $\varepsilon=25\%$ 时的 $P_e=3.795$ kW。因此：

$$b\sum P_e = 0.06 \times 3.795 = 0.228 \text{ (kW)}$$

$$c\sum P_x = 0.2 \times 3.795 = 0.759 \text{ (kW)}$$

$$P_{c(3)} = c\sum P_x + b\sum P_e = 0.228 + 0.759 = 0.987 \text{ (kW)}$$

$$Q_{c(3)} = P_{c(3)}\tan\varphi = 0.987 \times 1.73 = 1.71 \text{ (kvar)}$$

比较以上各组的附加负荷 $c\sum P_x$ 可知,金属切削机床组的 $c\sum P_x=15$ 为最大,因此总的计算负荷为:

$$P_c = (c\sum P_x)_{max} + \sum(b\sum P_e) = 15 + (11.9 + 3.25 + 0.228) = 30.38 \text{ (kW)}$$

$$Q_c = (c\sum P_x)_{max}\tan\varphi_x + \sum[(b\sum P_e)\tan\varphi]$$

$$= 15 \times 1.73 + (11.9 \times 1.73 + 3.25 \times 0.75 + 0.228 \times 1.73) = 49.37 \text{ (kvar)}$$

$$S_c = \sqrt{P_c^2 + Q_c^2} = \sqrt{30.38^2 + 49.37^2} = 57.97 \text{ (kV·A)}$$

$$I_c = S_c/(\sqrt{3}U_N) = \frac{57.97}{\sqrt{3} \times 0.38} = 88.1 \text{ (A)}$$

比较例3-1和例3-2的负荷计算结果发现,二项式法计算出的四个参数值比需要系数法计算出的四个参数值偏大。这是由于需要系数法主要考虑一组设备不可能同时工作,同时工作的设备又不可能同时处于满负荷状态,因此,需要系数法只适用于设备数较多而设备间容量差别不大的场合,而二项式法主要考虑少数大容量负荷对计算负荷的影响,因此二项式法适用于设备数较少而设备间容量差别较大的场合。

3.2.3 用单位容量法确定计算负荷

在进行供配电工程方案设计阶段,可采用单位容量法确定计算负荷。

1) 单位产品耗电量法

若已知某企业或车间的年产量 N 和单位产品耗电量 a,即可得到该企业或车间全年的耗电量 W_a:

$$W_a = aN \tag{3-20}$$

求出年耗电量后,除以企业的年最大负荷利用小时数,就可求得企业的有功计算负荷,即

$$P_c = \frac{W_a}{T_{max}} = \frac{aN}{T_{max}} \tag{3-21}$$

式中,P_c 为有功计算负荷,kW;a 为单位产品耗电量,kW·h,见表3-2;N 为企业的年生产量;T_{max} 为年最大负荷利用小时数,见表3-3。

表3-2 各种产品的单位耗电量

产品名称	单 位	单位产品耗电量/(kW·h)
有色金属铸造	t	600~1 000
铸铁件	t	300
锻铁件	t	30~80
拖拉机	台	5 000~8 000
汽 车	辆	1 500~2 500
轴 承	套	1~4
并联电容器	kvar	3
电 表	只	7
变压器	kV·A	2.5

续表

产品名称	单 位	单位产品耗电量/(kW·h)
电动机	kW	14
量具、刃具	t	6 300～8 500
工作母机	t	1 000
重型机床	t	1 600

表 3-3 不同行业的年最大负荷利用小时数 T_{max} 与年最大负荷损耗小时数 τ

行业名称	T_{max}/h	τ/h	行业名称	T_{max}/h	τ/h
有色电解	7 500	6 550	机械制造	5 000	3 400
化 工	7 300	6 375	食品工业	4 500	2 900
石 油	7 000	5 800	农村企业	3 500	2 000
有色冶炼	6 800	5 500	农业灌溉	2 800	1 600
黑色冶炼	6 500	5 100	城市生活	2 500	1 250
纺 织	6 000	4 500	农村照明	1 500	750
有色采选	5 800	4 350			

注：此表摘自《工业与民用配电设计手册》(第三版)。

2) 单位面积负荷密度法

将建筑物的建筑面积 S 乘以建筑物的负荷密度 ρ，即得到建筑物的计算负荷：

$$P_c = \frac{\rho S}{1\,000} \tag{3-22}$$

式中，P_c 为有功计算负荷，kW；S 为建筑面积，m^2；ρ 为负荷密度，W/m^2 或 $V·A/m^2$，见表 3-4。

表 3-4 各类建筑物的负荷密度

建筑类别	负荷密度/(W·m^{-2})	建筑类别	负荷密度/(W·m^{-2})
公 寓	30～50	医 院	40～70
旅 馆	40～70	高等学校	20～40
办 公	30～70	中小学	12～20
商 业	一般 40～80 大中型 60～120	展览馆	50～80
体 育	40～70	演播室	250～500
剧 场	50～80	汽车库	8～15

注：此表摘自《全国民用建筑工程设计技术措施·电气》(2003 年版)。

3) 单位用电指标法

单位用电指标乘以单位数量，并根据工程具体情况计入需要系数，即得住宅的计算负荷：

$$P_c = K_d n p \tag{3-23}$$

式中，P_c 为有功计算负荷，kW；p 为单位用电指标，kW/户 或 kW/人 或 kW/床等（住宅用户的单位用电指标见表 3-5,旅馆的单位用电指标为 $2\sim2.4$ kW/床);n 为单位数量,如户数、人数、床位数;K_d 为需要系数,见表 3-6。

表 3-5 全国普通住宅用户的单位用电指标

建筑类别	居住空间数/个	使用面积/m²	用电指标最低值/(kW·户⁻¹)	单相电度表规格/A
一类	2	34	2.5	5(20)
二类	3	45	2.5	5(20)
三类	3	56	4	10(40)
四类	4	68	4	10(40)

注:此表摘自《住宅设计规范》(GB 50096—2011)。

表 3-6 住宅用电负荷需要系数

按三相配电计算时所连接的基本户数	K_d 通用值	K_d 推荐值	按三相配电计算时所连接的基本户数	K_d 通用值	K_d 推荐值	按三相配电计算时所连接的基本户数	K_d 通用值	K_d 推荐值
9	1.00	1.00	36	0.50	0.60	72	0.41	0.45
12	0.95	0.95	42	0.48	0.55	75～300	0.40	0.45
18	0.75	0.80	48	0.47	0.55	375～600	0.33	0.35
24	0.66	0.70	54	0.45	0.50	780～900	0.26	0.30
30	0.58	0.65	63	0.43	0.50			

注:① 表中通用值系目前采用的住宅需要系数值,推荐值是为了计算方便而提出的,仅供参考。
② 住宅的公用照明及公用电力负荷需要系数一般按 0.8 选取。
③ 此表摘自《全国民用建筑工程设计技术措施·电气》(2003 年版)。

3.3 变/配电所的无功功率补偿

《供电营业规则》规定:100 kV·A 及以上高压供电的用户,功率因数为 0.90 以上;其他电力用户和大、中型电力排灌站、趸购转售电企业,功率因数为 0.85 以上;农业用电,功率因数为 0.80。若达不到以上要求,应装设必要的无功功率补偿设备,否则要加收力率电费。

在变/配电所母线或用电设备上并联电力电容器(又称静电电容器),用以提高供电系统的功率因数和电压质量,是目前普遍采用的无功功率补偿措施。

3.3.1 电力电容器的接线方式和安装位置

1) 电容器的接线方式

按国家标准规定:低压电容器组应接成三角形;高压电容器组宜接成星形,但容量较小(450 kvar 及以下)时可接成三角形。

电容器接成三角形时的容量为采用星形接线时的 3 倍。若电容器采用三角形接线,一相电容器断线时,三相线路仍能得到无功功率补偿;而采用星形接线时,一相电容器断线,该相将失去无功功率补偿。采用三角形接法时,任意一个电容器击穿,将造成两相短路,从而有可能造成电容器爆炸等事故。因此,高压电容器组的各个电容器间必须装设高压熔断器进行短路保护,但是如果电容器采用星形接线,当其中一个电容器击穿时,其短路电流数值相对较小,因此星形接线较之三角形接线安全。

2) 电容器的安装位置

电容器的安装位置又称补偿方式。在用户供电系统中,无功功率补偿装置一般有三种安装方式:高压集中补偿、低压集中补偿和就地补偿(个别补偿)。以并联电容器为例,如图3-1 所示。

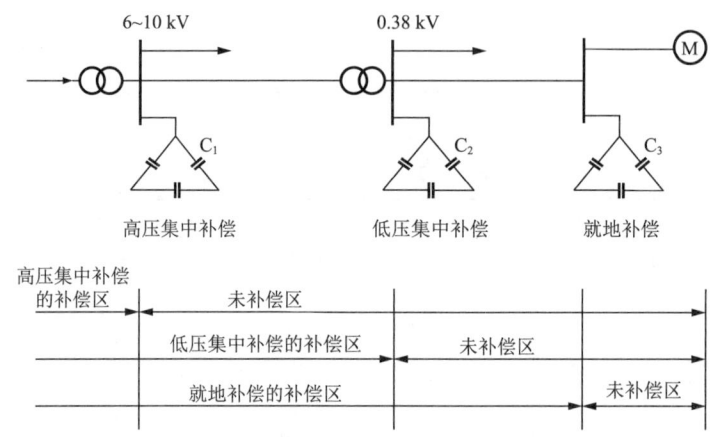

图 3-1 并联电容器的装设位置和补偿效果

(1) 高压集中补偿。

将高压电容器组集中安装在总降压变电所 6～10 kV 母线上。高压电容器应有单独的电容器室,并通过高压电缆接入变电所母线,如图 3-2 所示。高压集中补偿用以提高整个变电所的功率因数,减少了上一级高压线路的无功流动产生的功率损耗,电容器设备利用率高、投资少。

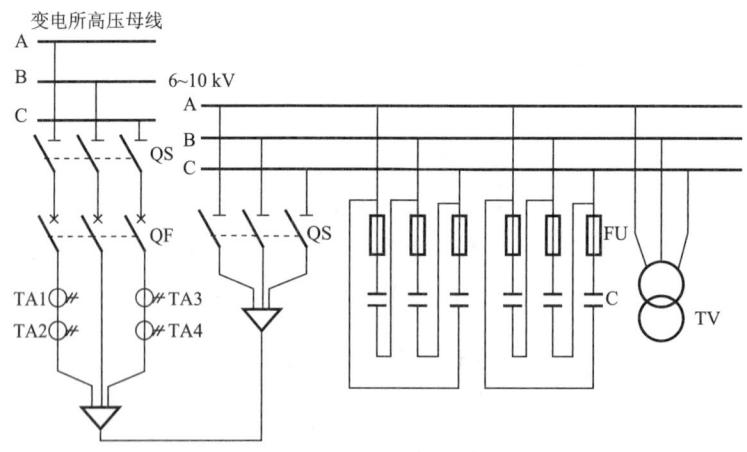

图 3-2 高压集中补偿电容器组的接线

电容器从电网上切除后有残余电压,其最高可达电网电压的峰值。所以 GB 50052—94 规定,电容器组应装设放电装置,使电容器两端的电压从峰值降到 50 V 所需的时间满足:高压电容器不大于 5 min,低压电容器不大于 1 min;其放电回路中不得装设熔断器或开关设备,以免放电回路断开,危及人身安全。对高压电容器组,常利用电压互感器的一次侧绕组来放电。

(2) 低压集中补偿。

将低压电容器组分散安装在各车间变电所低压母线上。这种补偿方式具有与高压集中补偿相同的优点,但无功功率补偿容量和补偿范围小些,补偿效果更明显,能减少总降压变压器的视在功率,从而减少变压器的容量投资。其放电装置为放电电阻或 220 V,15~25 W 的白炽灯。其中白炽灯还可起指示电容器组是否正常运行的作用,如图 3-3 所示。

(3) 就地补偿(个别补偿)。

将电容器组直接安装在需要进行无功功率补偿的用电设备附近。这种补偿方式补偿效果最好,应优先采用。但总的投资较大,且电容器组在被补偿的设备停止运行时,它也将一并被切除,因此其利用率较低。这种方式特别适用于负荷平稳、长期运行而容量又大的设备,如大型感应电动机、高频电炉等。图 3-4 所示的感应电动机就地补偿的低压电容器组的接线,其放电装置通常为用电设备自身的绕组。

在供电设计中,实际上多是综合采用各种补偿方式,以求经济合理地达到总的无功功率补偿要求,使用户电能计量点在最大负荷时的功率因数不低于规定值。

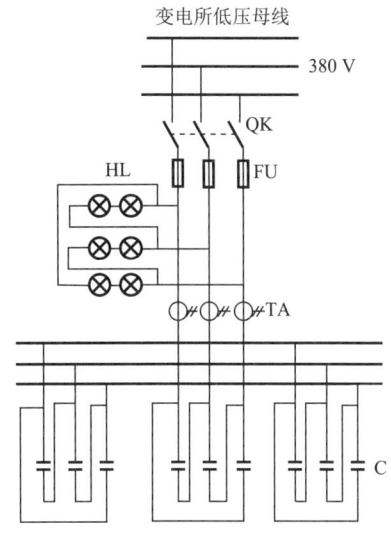

图 3-3 低压集中补偿电容器组的接线

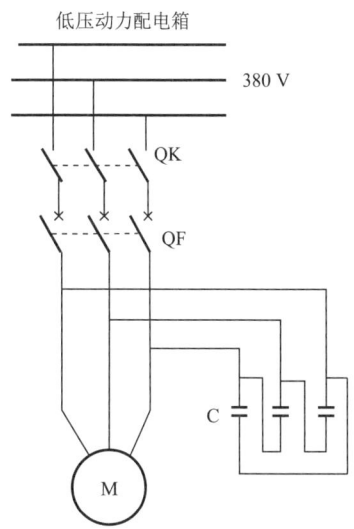

图 3-4 感应电动机就地补偿的低压电容器组的接线

3.3.2 电力电容器补偿容量的计算

电容器的补偿容量与采用的补偿方式、未补偿前的负荷状况等因素有关。

1) 集中补偿容量的计算

对于高压集中补偿和低压集中补偿方式,当功率因数从 $\cos \varphi$ 提高到 $\cos \varphi'$ 时,由图 3-5 所示的功率三角形关系,可知应装设的无功功率补偿容量 Q_C 为:

$$Q_C = Q_c - Q_c' = P_c(\tan \varphi - \tan \varphi') = \Delta q_C P_c \tag{3-24}$$

式中,$\Delta q_C = (\tan \varphi - \tan \varphi')$,称为补偿率,kvar/kW;$Q_c$ 和 Q_c' 分别为无功功率补偿前后的无功功率计算负荷,kvar;P_c 为有功功率计算负荷,kW。

在计算补偿用电力电容器的容量和个数时,应考虑以下两个问题。

(1) 若电容器的额定电压与实际运行电压不相符,则电容器的实际补偿容量为:

$$Q'_N = Q_N \left(\frac{U}{U_N}\right)^2 \quad (3-25)$$

式中,Q_N 为电容器的额定容量,kvar;Q'_N 为电容器在实际运行电压时的容量,kvar;U_N 为电容器的额定电压,kV;U 为电容器的实际运行电压,kV。

(2) 在确定了总的补偿容量 Q_C 后,电容器的个数 n 为:

$$n = \frac{Q_C}{q_C} \quad (3-26)$$

式中,q_C 为每个电容器的容量。

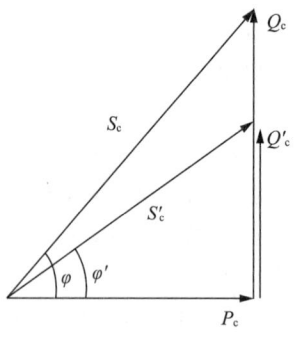

图 3-5 功率因数与无功功率和视在功率

由式(3-26)计算所得的电容器个数 n,对单相电容器来说,应取 3 的倍数,以便三相均衡分配。

2) 就地补偿容量的计算

对于就地补偿方式,一般补偿对象为感应电动机。当装有就地补偿的单台感应电动机突然与电源断开时,电容器对电动机放电而产生自励磁现象。如果电容器补偿容量过大,则可能因电机惯性转动而产生过电压,造成电机毁坏事故。为了防止上述情况发生,电容器补偿容量不宜过大,以电容器组此时的放电电流不大于空载电流为限,即

$$Q_C = \sqrt{3} U_N I_0 \quad (3-27)$$

式中,U_N 为额定电压,kV;I_0 为空载励磁电流,A,可以按照瑞典电器公司推荐的估算公式计算。

$$I_0 = 2I_N(1-\cos\varphi_N) \quad (3-28)$$

式中,I_N 为电机额定电流,kA;φ_N 为电机额定功率因数。

例 3-3 某用户 10 kV 变电所低压侧的计算负荷为 $800+j580$ kV·A。欲使低压侧功率因数达到 0.92,则需在低压侧进行补偿,无功自动补偿并联电容器装置的容量应是多少?选择电容器组数及每组容量。

解 (1) 求补偿前的视在计算负荷及功率因数。

视在计算负荷:

$$S_c = \sqrt{P_c^2 + Q_c^2} = \sqrt{800^2 + 580^2} \text{ (kV·A)} = 988.1 \text{ (kV·A)}$$

功率因数:

$$\cos\varphi = \frac{P_c}{S_c} = \frac{800}{988.1} = 0.810$$

(2) 确定无功功率补偿容量。

$$Q_C = P_c(\tan\varphi - \tan\varphi')$$
$$= 800 \times [\tan(\arccos 0.810) - \tan(\arccos 0.92)] = 238.4 \text{ (kvar)}$$

(3) 选择电容器组数及每组容量。

根据设计手册,初选 BSMJ0.4-20-3 型自愈式并联电容器,每组容量 $q_C = 20$ kvar。故选择成套并联电容器屏,可安装的电容器组数为 12 组,总容量为 12×20 kvar = 240 kvar。

3.4 供配电系统的负荷计算

3.4.1 供配电系统功率损耗的计算

1) 线路功率损耗计算

三相线路中的有功功率损耗 ΔP_W 及无功功率损耗 ΔQ_W 按下式计算:

$$\left.\begin{array}{l}\Delta P_W = 3I_c^2 R \times 10^{-3} \quad (\text{kW}) \\ \Delta Q_W = 3I_c^2 X \times 10^{-3} \quad (\text{kvar})\end{array}\right\} \tag{3-29}$$

式中,I_c 为线路的计算电流,A;R 为线路每相电阻,Ω,$R=R_1 l$;X 为线路每相电抗,Ω,$X=X_1 l$;l 为线路计算长度,km;R_1 和 X_1 分别为线路每千米交流电阻和电抗,Ω/km。

2) 变压器功率损耗计算

变压器的功率损耗按下式计算:

$$\left.\begin{array}{l}\Delta P_T = \Delta P_0 + \Delta P_k = \Delta P_0 + P_k \left(\dfrac{S_c}{S_N}\right)^2 \dfrac{I_0\%}{100} S_N \quad (\text{kW}) \\ \Delta Q_T = \Delta Q_0 + \Delta Q_k = \dfrac{I_0\%}{100} S_N + \dfrac{U_k\%}{100} S_N \left(\dfrac{S_c}{S_N}\right)^2 \quad (\text{kvar})\end{array}\right\} \tag{3-30}$$

式中,S_c 为变压器的计算负荷,kV·A;S_N 为变压器的额定容量,kV·A;ΔP_0 和 ΔP_k 分别为变压器的空载有功损耗、短路有功损耗,kW;ΔQ_0 和 ΔQ_k 分别为变压器的空载无功损耗和短路无功损耗,kvar;$I_0\%$ 为变压器的空载电流百分数;$U_k\%$ 为变压器的短路电压百分数。

当变压器型号未定时,其有功、无功功率损耗可用下式估算:

$$\Delta P_T = 0.02 S_c \quad (\text{kW}) \tag{3-31}$$

$$\Delta Q_T = 0.1 S_c \quad (\text{kvar}) \tag{3-32}$$

3.4.2 变电所计算负荷的确定

确定电力计算负荷的方法很多,需要系数法是最常见的一种,以主接线形式为基础,从用电设备端起向供电端方向逐级上推计算,同时计入线路和变压器的功率损耗,直到求出电源进线端的计算负荷为止。除需要系数法外,还有一些比较简单易算的确定计算负荷的方法,如单位产品耗电量法等。这些简单方法主要用于初步设计的负荷估算。

以一般工业企业的供配电系统为例,如图 3-6 所示,按逐级计算法,首先由需要系数法求得各车间低压侧有功及无功计算负荷,加上本车间变电所的变压器有功及无功功率损耗,即得车间变电所高压侧计算负荷;其次将全厂各车间高压侧负荷相加(如果有高压用电设备,也加上高压用电设备计算负荷),同时加上厂区配电线路的功率损耗,再乘以同时系数(对总降压变电所,有功功率的同时系数 K_p 取 0.80~0.90,无功功率的同时系数 K_q 取 0.93~0.97),便得出工厂总降压变电所(或总配电所)低压侧计算负荷;最后考虑无功功率的影响和总降压变电所主变压器的功率损耗,其总和就是全厂计算负荷。各级计算过程如下。

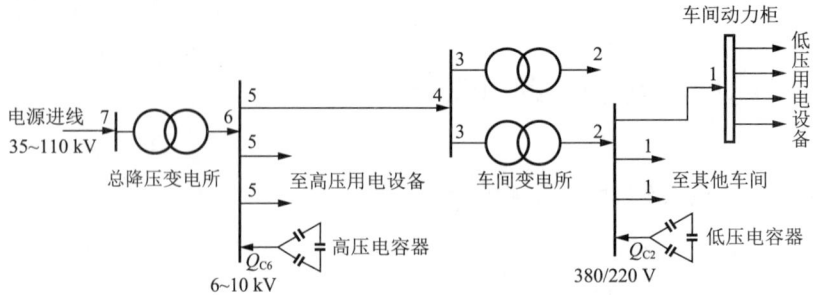

图 3-6 负荷计算用供电系统

(1) 用电设备组的计算负荷(图 3-6 中的 1 点)。

按需要系数法确定企业的计算负荷：

$$\left.\begin{array}{l} P_{c.1} = K_d \sum P_e \\ Q_{c.1} = P_{c.1} \tan\varphi \\ S_{c.1} = \sqrt{P_{c.1}^2 + Q_{c.1}^2} \end{array}\right\} \quad (3-33)$$

(2) 低压母线上的计算负荷(图 3-6 中的 2 点)：

$$\left.\begin{array}{l} P_{c.2} = \sum P_{c.1} \\ Q_{c.2} = \sum Q_{c.1} \\ S_{c.2} = \sqrt{P_{c.2}^2 + Q_{c.2}^2} \end{array}\right\} \quad (3-34)$$

若采用低压补偿(容量为 Q_{2C})，则 $Q_{c.2} = \sum Q_{c.1} - Q_{2C}$。

(3) 车间变压器高压侧的计算负荷(图 3-6 中的 3 点)：

$$\left.\begin{array}{l} P_{c.3} = P_{c.2} + \Delta P_T \\ Q_{c.3} = Q_{c.2} + \Delta Q_T \\ S_{c.3} = \sqrt{P_{c.3}^2 + Q_{c.3}^2} \end{array}\right\} \quad (3-35)$$

(4) 车间变电所高压母线上的计算负荷(图 3-6 中的 4 点)：

$$\left.\begin{array}{l} P_{c.4} = \sum P_{c.3} \\ Q_{c.4} = \sum Q_{c.3} \\ S_{c.4} = \sqrt{P_{c.4}^2 + Q_{c.4}^2} \end{array}\right\} \quad (3-36)$$

(5) 总降压变电所出线上的计算负荷(图 3-6 中的 5 点)：

$$\left.\begin{array}{l} P_{c.5} = P_{c.4} + \Delta P_W \approx P_{c.4} \\ Q_{c.5} = Q_{c.4} + \Delta Q_W \approx Q_{c.4} \\ S_{c.5} = \sqrt{P_{c.5}^2 + Q_{c.5}^2} \approx S_{c.4} \end{array}\right\} \quad (3-37)$$

(6) 总降压变电所低压母线上的计算负荷(图 3-6 中的 6 点)：

$$\left.\begin{array}{l} P_{c.6} = K_p \sum P_{c.5} \\ Q_{c.6} = K_q \sum Q_{c.5} \\ S_{c.6} = \sqrt{P_{c.6}^2 + Q_{c.6}^2} \end{array}\right\} \quad (3-38)$$

若采用高压集中补偿(容量为 Q_{6C}),则 $Q_{c.6}=K_q \sum Q_{c.5}-Q_{6C}$。

(7) 企业总计算负荷(图 3-6 中的 7 点):

$$\left.\begin{array}{l} P_{c.7}=P_{c.6}+\Delta P_T \\ Q_{c.7}=Q_{c.6}+\Delta Q_T \\ S_{c.7}=\sqrt{P_{c.7}^2+Q_{c.7}^2} \end{array}\right\} \tag{3-39}$$

例 3-4 某丝绸炼染厂各用电设备容量见表 3-7,按需要系数法确定车间各用电设备组的计算负荷,并将计算结果列于表 3-7。

解 (1) 确定全厂低压侧总计算负荷:全厂低压侧总计算负荷($P_{c.2}$,$Q_{c.2}$)应等于全厂所有低压用电设备的计算负荷相加后乘以同时系数,计算结果列于表 3-7 中。

(2) 变压器容量的初步选择:根据变压器台数和容量的选择原则,该厂可选用两台 10/0.4 kV,S9-1000/10 型变压器。

(3) 变压器功率损耗的计算:S9-1000/10 型电力变压器的 $\Delta P_0=1.7$ kW,$\Delta P_k=10.3$ kW,$I_0\%=0.7$,$U_k\%=4.5$,变压器的负荷率为 $\beta=S_{c.2}/S_N=1\,375/(2\times1\,000)=0.687\,5$,则每台变压器的功率损耗为:

$$\Delta P_T = \Delta P_0+\beta^2\Delta P_k=1.7+0.687\,5^2\times10.3=6.6\ (\text{kW})$$

$$\Delta Q_T=\frac{S_N}{100}(I_0\%+\beta^2 U_k\%)=\frac{1\,000}{100}\times(0.7+0.687\,5^2\times4.5)=28.3\ (\text{kvar})$$

(4) 全厂总计算负荷($P_{c.1}$,$Q_{c.1}$)和功率因数为:

$$P_{c.1}=P_{c.2}+2\Delta P_T=1\,098+2\times6.6=1\,111.2\ (\text{kW})$$

$$Q_{c.1}=Q_{c.2}+2\Delta Q_T=828+2\times28.3=884.6\ (\text{kvar})$$

$$S_{c.1}=\sqrt{P_{c.1}^2+Q_{c.1}^2}=\sqrt{1\,111.2^2+884.6^2}=1\,420.3\ (\text{kV}\cdot\text{A})$$

$$\cos\varphi=\frac{P_{c.1}}{S_{c.1}}=\frac{1\,111.2}{1\,420.3}=0.782$$

(5) 补偿容量的计算。为使工厂的功率因数提高到 0.90,需装设的电容器容量 Q_C 为:

$$Q_C=P_c'(\tan\varphi-\tan\varphi')=1\,111.2\times(0.797-0.484)=347.8\ (\text{kvar})$$

若选择 BWF10.5-30-1 型电容器,则所需电容器个数为 $n=Q_C/q_C=347.8/30=11.6$。取 $n=12$,则实际补偿容量为:

$$Q_{CN}=30\times12=360\ (\text{kvar})$$

(6) 补偿后全厂总计算负荷和功率因数为:

$$Q_{c.1}'=Q_{c.1}-Q_{CN}=884.6-360=524.6\ (\text{kvar})$$

$$S_{c.1}'=\sqrt{P_{c.1}^2+Q_{c.1}'^2}=\sqrt{1\,111.2^2+524.6^2}=1\,229\ (\text{kV}\cdot\text{A})$$

$$\cos\varphi'=\frac{P_{c.1}}{S_{c.1}'}=\frac{1\,111.2}{1\,229}=0.904>0.90$$

以上计算结果均列于表 3-7 中。

表 3-7 某丝绸炼染厂负荷计算表

序号	车间或设备名称	设备容量/kW	K_d	$\cos\varphi$	$\tan\varphi$	计算负荷		
						P_c/kW	Q_c/kvar	S_c/(kV·A)
1	锅炉房	204	0.75	0.80	0.75	153	114.75	
2	染丝车间	152	0.65	0.80	0.75	98.8	74.1	

续表

序号	车间或设备名称	设备容量/kW	K_d	$\cos\varphi$	$\tan\varphi$	计算负荷		
						P_c/kW	Q_c/kvar	S_c/(kV·A)
3	烘房	50	0.80	0.80	0.75	40	30	
4	整理车间	850	0.80	0.80	0.75	680	510	
5	染炼车间	80	0.65	0.80	0.75	52	39	
6	金丝绒车间	82	0.80	0.80	0.75	65.6	49.2	
7	机修车间	50	0.30	0.50	1.73	15	25.95	
8	曝气池	56	0.80	0.80	0.75	44.8	32.6	
9	仓库	20	0.30	0.50	1.73	6	10.38	
10	食堂、托儿所	30	0.60	0.60	1.33	18	22.94	
11	综合楼	52	0.90	0.98	0.20	46.8	9.36	
	合　计					1 220	920	
	全厂低压侧总负荷（$K_\Sigma=0.90$）					1 098	828	1 375
	变压器损耗					12.2	56.6	
	考虑变压器损耗后全厂总负荷					1 111.2	884.6	1 420.3
	无功功率补偿容量（补偿到0.90）						−360	
	补偿后全厂总计算负荷					1 111.2	524.6	1 229

3.5 尖峰电流的计算

尖峰电流是指只持续1～2 s的短时最大负荷电流,它用来计算电压波动校验电压水平,也是选择熔断器和低压断路器以及继电保护装置的依据。

3.5.1 单台用电设备的尖峰电流

单台用电设备的尖峰电流 I_{pk} 就是其起动电流,即

$$I_{pk} = I_{st} = K_{st} I_N \tag{3-40}$$

式中,K_{st} 为用电设备的起动电流倍数,对鼠笼型电动机取5～7,对绕线式电动机取2～3,对直流电动机取1.5～2,对电焊变压器取3或稍大。

3.5.2 多台用电设备的尖峰电流

接有多台用电设备的线路,只考虑一台设备起动时的尖峰电流,按下式计算：

$$I_{pk}=K_\Sigma \sum_{i=1}^{n-1} I_{Ni} + I_{st\ max} \quad \text{或} \quad I_{pk} = I_c + (I_{st} - I_N)_{max} \tag{3-41}$$

式中，$I_{\text{st max}}$ 为用电设备中起动电流与额定电流之差最大的那台设备的起动电流；$(I_{\text{st}}-I_{\text{N}})$ 为其起动电流与额定电流之差；$\sum\limits_{i=1}^{n-1}I_{\text{N}i}$ 为将起动电流与额定电流之差最大的那台设备除外的其他 $n-1$ 台设备的额定电流之和；K_{Σ} 为 $n-1$ 台设备的同时系数，按台数多少选取，一般为 0.70～1.00，台数少时取较大值，反之取较小值；I_{c} 为全部设备投入运行时线路的计算电流。

3.5.3 用电设备同时自起动的尖峰电流

如果有一组用电设备需同时参与自起动，则其尖峰电流等于所有用电设备的起动电流之和，即

$$I_{\text{pk}} = \sum_{i=1}^{n}(K_{\text{st}i}I_{\text{N}i}) \tag{3-42}$$

式中，n 为参与自起动的用电设备台数；$K_{\text{st}i}$ 和 $I_{\text{N}i}$ 分别为对应于第 i 台用电设备的起动电流倍数和额定电流。

第4章 供配电系统短路电流的计算

在供配电系统的设计及运行中,不仅要考虑正常工作状态,还要考虑可能发生的故障以及不正常运行情况。对供配电系统危害最大的是短路故障,短路电流将引起电动力效应和发热效应以及电压的降低等。因此,短路电流的计算是电气主接线的方案比较、电气设备和载流导体的选择及继电保护选择和整定的基础。

4.1 高压系统的短路电流计算

对于高压供配电系统,一般采用近似的方法计算短路电流,计算中假定:
(1) 供电的电源是无限大功率系统;
(2) 短路回路的元件的电抗为常数。
一般忽略不计元件的电阻,只有在短路电路中总电阻 R_Σ 大于总电抗 X_Σ 的 1/3 时才考虑电阻,否则认为 $Z_\Sigma = X_\Sigma$。

当电源系统运行方式改变时,短路电流也要改变,选择电气设备和整定继电保护时,需要知道通过该设备的最大可能三相短路电流,因此要按系统最大运行方式计算短路电流。当选择熔断器、校验继电保护装置的灵敏度以及校核电动机起动时,又要知道最小短路电流,所以要算出系统最小运行方式下的最小短路电流。通常,供电部门提供电源点在最大、最小两种运行方式下的系统短路容量,由此可以计算出系统的短路阻抗参数。

在进行短路计算之前,应根据短路计算的目的搜集有关资料,如电力系统接线图、运行方式和各元件的技术数据等,然后按下述步骤进行:
(1) 确定短路点,分别按最大运行方式和最小运行方式作等值电路图;
(2) 计算电路各元件电抗参数的有名值或标幺值;
(3) 化简网络,求短路回路总电抗;
(4) 计算短路电流。

4.1.1 短路点的选择和短路等值电路

短路点的选择应使需要进行短路校验的电器元件有可能通过的短路电流最大,并考虑具有反馈作用的电动机和电容补偿装置放电电流的影响。

根据短路计算的目的,可以采用试探或分析的方法确定短路计算点。一般选择高压电源引入处、高压配电所母线、变电所变压器一次侧和二次侧为短路计算点。下面以图 4-1 所示的简单的接线为例,说明其短路计算点的选择。

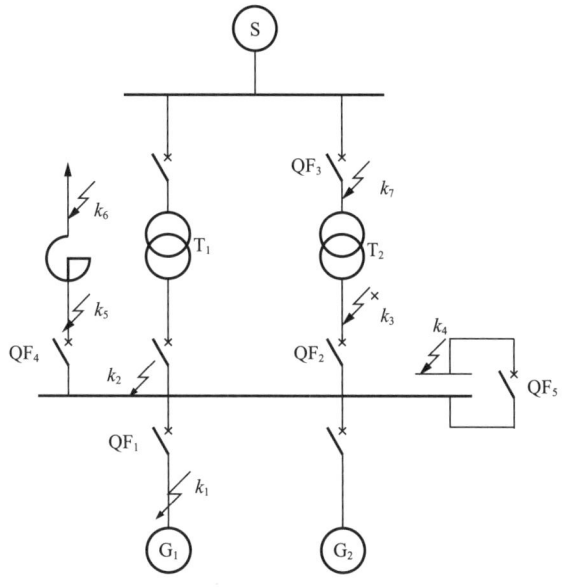

图 4-1 短路计算点的选择

(1) 选择发电机出口断路器 QF_1,应考虑 k_1 点或 k_2 点分别短路。当 k_2 点短路时,流过 QF_1 的电流为发电机 G_1 提供的短路电流;当 k_1 点短路时,流过 QF_1 的电流为发电机 G_2 和系统 S 提供的短路电流。若两台发电机容量相等,显然 k_1 点为选择 QF_1 的短路计算点。

(2) 选择 QF_2 时的短路计算点,应分别考察 QF_3 断开或合上时 k_2 点或 k_3 点短路时流过 QF_2 的电流。k_3 点短路时,G_1 和 G_2 两台发电机提供的短路电流大小与 QF_3 开合状态无关。当 QF_3 合上时,k_2 点短路,若 T_1 和 T_2 容量相同,系统流过 QF_2 的短路电流较 QF_3 打开时 k_3 点短路时的电流小(此时流过 QF_2 的短路电流由系统 S 和发电机 G_1 与 G_2 共同提供),因此选择 QF_2 的短路计算点为 QF_3 断开时的 k_3 点。同理,选择 QF_3 时,应选择打开 QF_2 时的 k_7 点为短路计算点(若 T_1 和 T_2 参数不同,应进行试算后确定)。

(3) 选择 QF_3 时,以 k_7 点为短路计算点。

(4) 选择 QF_4 时,k_5 点短路,流过 QF_4 的电流比 k_6 点短路时为大,但为节约投资,使选用的断路器是轻型价廉的,同时又由于 QF_4 与电抗器之间连线短,且电抗器工作较为可靠等,规定 k_6 点为选择 QF_4 的短路计算点,但除断路器和电流互感器以外的其余设备,如刀闸、连接线,仍采用 k_5 短路计算点。这样,一旦 k_5 点故障,QF_4 应可靠闭锁,由上一级断路器将 k_5 点故障切除。

(5) 选择 QF_5 时,以 k_4 点为短路计算点。

根据选择的短路计算点,将短路计算中需要计入的所有电路元件按照短路电流的流动方向依次编号,并按阻抗串并联关系化简电路,计算从系统电源点到短路点的等效阻抗 X_Σ。以图 4-1 所示 k_7 点为短路计算点,其等值电路如图 4-2(a) 所示;以 k_3 点为短路计算点,其等值电路如图 4-2(b) 所示。

（a）k_7 短路点的等值电路

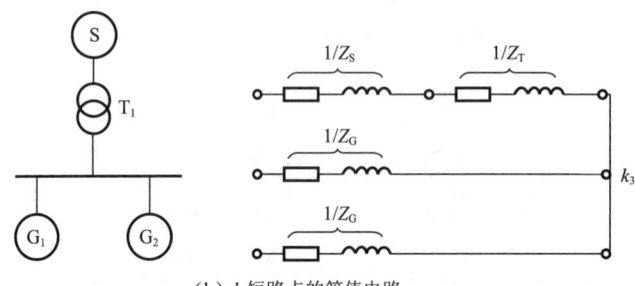

（b）k_3 短路点的等值电路

图 4-2　供配电系统不同短路点的等值电路

4.1.2　各元件电抗有名值和标幺值

高压供配电系统的短路电流计算一般仅考虑系统的发电机、变压器、电抗器及线路等主要元件的电抗。电力系统短路计算可采用有名值，也可采用标幺值。对于高压系统，通常采用标幺值进行计算，因为标幺值具有计算结果清晰、便于迅速判断计算结果的正确性、可以大大简化计算等优点。

标幺值计算统一基准值的选取原则如下：

（1）基准容量 S_j 通常取系统给定的最大运行方式的短路容量（MV·A）；

（2）基准电压 U_j 为短路点所在电网的平均额定电压 $U_{N.av}$（kV）；

（3）基准电流 I_j 为短路点的基准电流（kA），由基准容量和基准电压求得：

$$I_j = \frac{S_j}{\sqrt{3}U_j} \tag{4-1}$$

系统主要元件电抗有名值和统一基准的标幺值的计算公式见表 4-1。

表 4-1　电抗标幺值和有名值变换公式

元件名称	有名值/Ω	标幺值	备　注
系统内电抗	$X_s = \dfrac{U_{N.av}^2}{S_k}$ $X_s = \dfrac{U_{N.av}^2}{S_{oc}}$	$X_s^* = \dfrac{S_j}{S_{kmax}}$ $X_s^* = \dfrac{S_j}{S_{kmin}}$ $X_s^* = \dfrac{S_j}{S_{oc}}$	S_{kmax} 和 S_{kmin} 为供电部门提供电源点最大运行方式和最小运行方式的短路容量；S_{oc} 为系统变电所的高压供电线路的出口断路器的额定开断容量
发电机（或电动机）	$X_d'' = \dfrac{X_d''\%}{100} \cdot \dfrac{U_N^2}{S_N}$	$X_d''^* = \dfrac{X_d''\%}{100} \cdot \dfrac{S_j}{S_N}$	$X_d''\%$ 为发电机次稳态电抗百分数；S_N 为发电机的额定容量
变压器	$X_T = \dfrac{U_k\%}{100} \cdot \dfrac{U_N^2}{S_N}$	$X_T^* = \dfrac{U_k\%}{100} \cdot \dfrac{S_j}{S_N}$	$U_k\%$ 为变压器短路电压百分数；S_N 为变压器最大容量线圈的额定容量

续表

元件名称	有名值/Ω	标幺值	备 注
电抗器	$X_\text{p} = \dfrac{X_\text{p}\%}{100} \cdot \dfrac{U_\text{N}}{\sqrt{3} I_\text{N}}$	$X_\text{p}^* = \dfrac{X_\text{p}\%}{100} \cdot \dfrac{U_\text{N}}{\sqrt{3} I_\text{N}} \cdot \dfrac{S_\text{j}}{U_\text{j}^2}$	$X_\text{p}\%$ 为电抗器百分电抗值(分裂电抗器、自感电抗器计算与此相同)
线 路	$X_\text{L} = x_1 l$	$X_\text{L}^* = X_\text{L} \cdot \dfrac{S_\text{j}}{U_\text{j}^2}$	x_1 为线路单位长度电抗

4.1.3 短路电流计算

在供配电工程设计中,参考 GB/T 15544—1995《三相交流系统短路电流计算》,选择和校验电气设备、载流导体以及进行继电保护整定计算等。一般需要计算下列短路电流值:

(1) 对称短路电流初始值,又称次暂态短路电流 $I_\text{k}''^{(3)}$,即 0 s 时三相短路电流周期分量有效值,用于校验电器导体的热稳定、整定继电保护装置(速断)。

(2) 对称开断电流 $I_\text{b}^{(3)}$,即短路后 0.02 s 三相短路电流周期分量有效值,用于校验高压开关电器的开断能力。

(3) 对称稳态短路电流 $I_\text{k}^{(3)}$(也可用 I_∞ 表示),即暂态过程结束后的短路电流周期分量有效值,是计算其他短路电流的依据,对远离发电机端短路,$I_\text{k}^{(3)} = I_\text{k}''^{(3)}$。

(4) 三相短路电流峰值,又称短路冲击电流 $i_\text{sh}^{(3)}$,即预期(可达到的)短路电流的最大可能瞬时值,用于高压电器、母线、绝缘子的动稳定校验。

(5) 对称短路视在功率初值,又称为短路容量 $S_\text{k}''^{(3)}$,即对称短路电流初始值 $I_\text{k}''^{(3)}$、系统平均额定电压 $U_\text{N.av}$ 和系数 $\sqrt{3}$ 三者相乘的积,即 $S_\text{k}''^{(3)} = \sqrt{3} I_\text{k}''^{(3)} U_\text{N.av}$,是校验高压电动机起动的依据,也是计算低压电网单路电流的依据。

(6) 两相短路电流稳态值 $I_\text{k}^{(2)}$,用于校验继电保护装置和高压熔断器的灵敏度。

(7) 单相接地电容电流 I_C,用于确定高压系统中性点的运行方式,对于高压非有效接地系统,可用于验算接地装置的接触电压和跨步电压。

(8) 单相接地短路电流 $I_\text{k}^{(1)}$,对于高压有效接地系统,用于验算接地装置的接触电压和跨步电压。

1) 相间短路电流的计算

相间短路包括三相对称短路和两相短路,由于供配电系统为小电流接地系统,没有零序网络,所以根据正序等效定则可以用三相短路电流值直接算出两相短路电流。高压供配电系统的相间短路电流的计算公式如表 4-2 所示。

表 4-2 无限大容量系统相间短路电流的计算

序 号	项 目	有名值计算公式	标幺值计算公式
1	对称短路电流初始值	$I_\text{k}''^{(3)} = \dfrac{U_\text{N.av}}{\sqrt{3} X_\Sigma}$	$I_\text{k}''^{*(3)} = \dfrac{1}{X_\Sigma^*}$
2	对称开断电流	$I_\text{b}^{(3)} = I_\text{k}''^{(3)}$	$I_\text{b}^{*(3)} = I_\text{k}''^{*(3)}$
3	对称稳态短路电流	$I_\text{k}^{(3)} = I_\text{k}''^{(3)}$	$I_\text{k}^{*(3)} = I_\text{k}''^{*(3)}$

续表

序 号	项 目	有名值计算公式	标幺值计算公式
4	三相短路电流峰值（冲击电流）	$i_{sh}^{(3)} = \sqrt{2} K_{sh} I_k''^{(3)}$	$i_{sh}^{*(3)} = \sqrt{2} K_{sh} I_k''^{*(3)}$
5	对称短路视在功率初值	$S_k''^{(3)} = \sqrt{3} I_k''^{(3)} U_{N.av}$	$S_k''^{*(3)} = I_k''^{*(3)}$
6	两相短路电流稳态值	$I_k^{(2)} = \dfrac{\sqrt{3}}{2} I_k^{(3)}$	$I_k^{*(2)} = \dfrac{\sqrt{3}}{2} I_k^{*(3)}$

注：K_{sh} 为峰值系数（即冲击系数），对于高压供配电系统，$K_{sh}=1.8$。

2）单相接地电容电流的计算

小电流接地系统的单相接地电容电流由电力线路（架空线路、电缆线路）和变电所中的电气设备（母线和电器）两部分的电容电流组成。该电容电流应取最大运行方式下的电流，还应考虑电网5～10年的发展。电网的单相接地电容电流按表4-3计算。

表 4-3　电网单相接地电容电流的计算

序 号	线路（设备）名称	单相接地电容电流计算公式
1	6 kV 电缆线路	$I_C = (95+2.84S)U_N l/(2\,200+6S)$
2	10 kV 电缆线路	$I_C = (95+1.44S)U_N l/(2\,200+0.23S)$
3	无架空地线单回路的架空线路	$I_C = 2.7 U_N l \times 10^{-3}$
4	有架空地线单回路的架空线路	$I_C = 3.3 U_N l \times 10^{-3}$
5	所有相连线路	$\sum_{i=1}^{n} I_{Ci}$
6	变电所电气设备	10 kV 系统：$\Delta I_C = 16\% \sum_{i=1}^{n} I_{Ci}$ 6 kV 系统：$\Delta I_C = 18\% \sum_{i=1}^{n} I_{Ci}$
7	整个电网	$I_{C\Sigma} = \sum_{i=1}^{n} I_{Ci} + \Delta I_C$

注：I_C 表示单相接地电容电流，A；S 表示线路导体截面，mm²；l 表示线路长度，km；U_N 表示电网的标称电压，kV；ΔI_C 表示变电所设备增加的单相接地电容电流，A；$I_{C\Sigma}$ 表示电网的单相接地电容电流总值，A。

4.2　低压电网的短路电流计算

对于低压电网的短路电流，可按高压电网短路电流的方法进行计算，并考虑以下特点：

(1) 直接将变压器高压侧系统看作是无限大容量电源供电系统，或按远离发电机端短路进行计算。

(2) 计入短路回路各元件的电阻值较大，感抗值较小，因此短路电路中各元件的电阻应计入，但短路的电弧电阻及导线连接点、开关和电器触头的接触电阻可忽略不计。

(3) 短路电流计算采用有名值比较方便。

(4) 由于电阻较大,短路电流非周期分量比高压系统衰减快,因此一般不计非周期分量;在变压器二次侧母线短路时,峰值系数 K_{sh} 较大,而在变电所以外低压电路中发生短路时,峰值系数 K_{sh} 则接近于 1。

(5) 单位线路长度电阻的计算温度不同,在计算三相最大短路电流时,导体计算温度取 20 ℃;在计算单相短路电流时,假设的计算温度提高,电阻值增大,其值一般取 20 ℃时电阻值的 1.5 倍。

在供配电工程设计中,参考 GB/T 15544—1995《三相交流系统短路电流计算》,低压电网一般需要计算下列短路电流值:

(1) 对称短路电流初始值,又称次暂态短路电流 $I_k''^{(3)}$,用于校验电器导体的热稳定。

(2) 对称开断电流 $I_b^{(3)}$,用于校验高压开关电器的开断能力。

(3) 对称稳态短路电流 $I_k^{(3)}$,是计算其他短路电流的依据。

(4) 三相短路电流峰值,又称短路冲击电流 $i_{sh}^{(3)}$,用于高压电器、母线、绝缘子的动稳定校验。

(5) 两相短路电流稳态值 $I_k^{(2)}$,用于校验过电流保护的灵敏度。

(6) 单相接地短路电流 $I_k^{(1)}$,用于校验低压接地故障保护电器的灵敏度和验算接地装置的接触电压和跨步电压。

4.2.1 低压电网相间短路电流计算

低压电网相间短路电流的计算步骤如下:

(1) 低压短路回路各元件的(正序)阻抗的计算公式见表 4-4。

表 4-4 低压短路回路各元件的阻抗值

序号	元件名称	(正序)阻抗(mΩ)计算公式		
		阻 抗	电 阻	电 抗
1	高压系统	$Z_S = \dfrac{(U_n)^2}{S_{k3}''} \times 10^{-3}$	$R_S = 0.1 X_S$	$X_S = 0.995 Z_S$
2	配电变压器	$Z_T = \dfrac{U_k\% (U_N)^2}{100 S_{N.T}}$	$R_T = \dfrac{\Delta P_k (U_N)^2}{S_{N.T}^2}$	$X_T = \sqrt{Z_T^2 - R_T^2}$
3	配电母线	$Z_{WB} = \sqrt{R_{WB}^2 + X_{WB}^2}$	$R_{WB} = r_1 l$	$X_{WB} = x_1 l$
4	配电线路	$Z_{WL} = \sqrt{R_{WL}^2 + X_{WL}^2}$	$R_{WL} = r_1 l$	$X_{WL} = x_1 l$

注:① 高压系统与变压器的阻抗均为折算到低压侧的值。
② S_{k3}'' 为配电变压器高压侧短路容量,MV·A;U_n 为低压电网的标称电压,380 V;ΔP_k 为配电变压器的短路损耗,kW;$S_{N.T}$ 为配电变压器的额定容量,kV·A;r_1, x_1 为母线、线路单位长度的阻抗,mΩ/m;l 为母线、配电线路的长度,m。

(2) 绘制出短路回路的等效电路,针对不同短路计算点分别计算短路回路的总阻抗 R_Σ 和 X_Σ。

(3) 计算低压三相和两相短路电流。

低压电网相间短路电流计算公式见表 4-5。

表 4-5　低压三相和两相短路电流的计算

序号	物理量名称	计算公式
1	三相对称短路电流初始值(kA)	$I_k''^{(3)} = \dfrac{U_{N,av}}{\sqrt{3}\sqrt{R_\Sigma^2 + X_\Sigma^2}}$
2	三相对称开断电流(有效值)(kA)	对远离发电机端短路，$I_b^{(3)} = I_k''^{(3)}$
3	三相短路电流峰值(kA)	$i_{sh}^{(3)} = \sqrt{2} K_{sh} I_k''^{(3)}$
4	三相稳态短路电流(有效值)(kA)	对远离发电机端短路，$I_k^{(3)} = I_k''^{(3)}$
5	两相稳态短路电流(有效值)(kA)	对远离发电机端短路，$I_k^{(2)} = 0.866 I_k^{(3)}$

注：$U_{N,av}$ 为短路计算点所在电网的平均额定电压，400 V；K_{sh} 为峰值系数，$K_{sh} = 1 + e^{-\pi R_\Sigma / X_\Sigma}$。

4.2.2　低压电网单相短路(包括单相接地故障)电流计算

采用对称分量法计算低压电网单相短路电流，其计算步骤如下：

(1) 计算接地故障回路各元件的相线(L)—中性线(保护线 PE)阻抗值，其公式见表 4-6。

表 4-6　接地故障回路各元件的相线—中性线(保护线)阻抗值

序号	元件名称	相线—中性线(保护线)阻抗(mΩ)计算公式	
		相线—中性线(保护线)电阻	相线—中性线(保护线)电抗
1	高压系统	$R_{L-PE,S} = \dfrac{2}{3} R_S$ (高压无零序)	$X_{L-PE,S} = \dfrac{2}{3} X_S$ (高压无零序)
2	配电变压器	$R_{L-PE,T} = R_T$ (D,yn11 连接组别)	$X_{L-PE,T} = X_T$ (D,yn11 连接组别)
3	配电母线	$R_{L-PE,WE} = r_{L-PE} l$	$X_{L-PE,WE} = x_{L-PE} l$
4	配电线路	$R_{L-PE,WP} = r_{L-PE} l$	$X_{L-PE,WP} = x_{L-PE} l$

注：① 高压系统与变压器的相线—中性线(保护线)阻抗均为折算到低压侧的值。
② r_{L-PE} 和 x_{L-PE} 表示母线、线路单位长度的相线—中性线(保护线)阻抗，mΩ/m。

在表 4-6 中，元件相线—中性线(保护线)阻抗的计算公式为：

$$\left. \begin{array}{l} R_{L-PE} = (R_1 + R_2 + R_0)/3 \\ X_{L-PE} = (X_1 + X_2 + X_0)/3 \end{array} \right\} \quad (4-2)$$

式中，R_1 和 X_1，R_2 和 X_2，R_0 和 X_0 分别为元件的正序阻抗、负序阻抗和零序阻抗。对静止元件，$R_1 = R_2$，$X_1 = X_2$；在三相三线制高压系统中，$R_0 = 0$，$X_0 = 0$；在三相四线制系统中，母线、线路的零序阻抗为：$R_0 = R_{0L} + 3R_{0PE}$，$X_0 = X_{0L} + 3X_{0PE}$。

对 D,yn11 连接组别配电变压器，$R_0 = R_1$，$X_0 = X_1$；对 Y,yn0 连接组别配电变压器，其 R_0 和 X_0 比正序阻抗大得多，由制造厂家通过测试提供。

(2) 绘制出单相短路接地故障回路的等效电路，针对不同故障计算点分别计算故障回路的总相线—中性线(保护线)阻抗 $R_{\Sigma L-PE}$，$X_{\Sigma L-PE}$。

(3) 计算单相短路接地电流，其公式如下：

$$I_{\rm k}^{(1)} = \frac{U_{\rm N.ph}}{\sqrt{(R_{\Sigma \rm L\text{-}PE}^2 + X_{\Sigma \rm L\text{-}PE}^2)}} = \frac{220}{\sqrt{(R_{\Sigma \rm L\text{-}PE}^2 + X_{\Sigma \rm L\text{-}PE}^2)}} \quad (\rm kA) \tag{4-3}$$

式中，$U_{\rm N.ph}$ 为系统额定相电压，V。

4.3 电动机对三相短路冲击电流的影响

当短路点附近(隔有变压器除外)直接接有电动机时，应把电动机作为附加电源考虑，电动机会向短路点反馈短路电流。由于电动机向短路点反馈电流时，本身受到迅速制动，反馈电流衰减得非常快，所以它仅影响短路冲击电流，而且仅当电动机容量(或电动机组总容量)大于 800 kW 的高压电动机或单台容量在 20 kW 以上的低压电机时，或按 GB 50054—1995《低压配电设计规范》规定，电动机组额定电流之和超过短路电流的 1% 时，才考虑其影响。

由电动机提供的短路冲击电流 $i_{\rm sh.M}$ 可按下式计算：

$$i_{\rm sh.M} = 0.9 \times \sqrt{2} K_{\rm sh.M} K_{\rm st.M} I_{\rm N.M} \times 10^{-3} \quad (\rm kA) \tag{4-4}$$

式中，$K_{\rm sh.M}$ 为电动机提供的短路电流的冲击系数，对于 3~10 kV 电动机一般可取 1.4~1.7，对于 380 V 电动机则取 1.3；$K_{\rm st.M}$ 为电动机的起动电流倍数(一般取 5)，若有多台电动机，则以等效起动电流代入，其值为 $K'_{\rm st.M} = \sum (K_{\rm st.M} P_{\rm N.M}) / \sum P_{\rm N.M}$；$P_{\rm N.M}$ 为电动机的额定功率，kW；$I_{\rm N.M}$ 为电动机的额定电流，A，若有多台电动机，则以总电流之和代入。

计及电动机反馈电流后，短路点总的短路冲击电流为：

$$i_{\rm sh.\Sigma}^{(3)} = i_{\rm sh}^{(3)} + i_{\rm sh.M} \quad (\rm kA) \tag{4-5}$$

式中，$i_{\rm sh}^{(3)}$ 为系统电源供给短路点的三相短路电流峰值(冲击值)。

4.4 限制短路电流的方法

为了保证系统安全可靠地运行，减轻短路造成的影响，除在运行维护中应努力设法消除可能引起短路的一切原因外，还应尽快切除短路故障部分，使系统电压在较短的时间内恢复到正常值。为此，可采用快速动作的继电保护装置和断路器，以及为发电机装设自动调节励磁装置等。电力系统短路电流可达几十千安至几百千安，为使电器能承受短路电流的冲击，往往需选用加大容量的电器，即选用重型电器，这不仅会增加投资，甚至会因开断电流不能满足而选不到符合要求的高压电器。为了能合理地选择轻型电器和较小截面的导体，在主接线设计时，应考虑采取限制短路电流的措施。

4.4.1 限制短路电流的措施

可从电网结构、电网运行和加装设备等方面采取措施减少短路电流。

(1) 提高电力系统电压等级(电压等级越高，则在相同短路容量下短路电流越小)。

(2) 采用直流输配电(直流系统的定电流控制可快速地将短路电流限制在额定电流左右，即使在暂态过程中也不会超过 2 倍额定值，可限制短路电流)。

(3) 在电力系统主网加强联系后，将次级电网解环运行，可以增加短路回路电抗，减少短路电流。

（4）限制单相接地短路电流的措施：减少变压器中性点接地的数目；变压器及自耦变压器中性点结构断开接地；变压器中性点正常不接地，而在主变压器中性点装设快速接地开关，在主变压器跳闸前将中性点接地；发电机变压器组的升压变压器中性点不接地，但需要相应地提高变压器及其中性点的绝缘水平。美国在一些电力系统中将一部分大容量的 Y，y，d 接线 500/230/35 kV 自耦变压器的三角形侧开口运行以增加变压器的零序阻抗。加拿大 BC 水利局在 500 kV 变电所采用该方法将三相短路绝缘水平由 110 kV 提高到 150 kV。

（5）在发电机电压母线分段回路中安装电抗器：当线路上或一段母线上发生短路故障时，能限制另一段母线上电源所提供的短路电流。

（6）变压器分列运行。

（7）采用低压侧为分裂绕组的变压器。

（8）变压器回路装设分裂电抗器或电抗器。

（9）出线处装设限流电抗器或专门的限流器。

（10）采用直流联网：可以显著降低短路电流，但两端换流设备投资大，若联络线补偿，交换功率不大，则这样做弊大于利。

（11）采用高阻抗变压器，限制其低压侧短路电流：较高短路电压百分数 $U_k\%$ 能增大变压器阻抗，限制短路电流。

（12）采用小容量变压器：当短路电压百分数一定时，变压器容量越小，则变压器阻抗越大，可以限制短路电流。

（13）采用多母线分列运行的方式：如果需要并列运行，应该在母线断路器上装设最大快速解列装置，在故障时将母线断路器快速断开。

（14）大容量单元运行，经变压器和断路器再接母线，可限制短路电流。

4.4.2 常用限流方法的原理分析

1）选择适当的主接线形式和运行方式

为了减小短路电流，可选用计算阻抗较大的接线和运行方式。如对大容量发电机可采用单元接线，尽可能在发电机端不采用母线；在降压变电所中可采用变压器低压侧分列运行方式，即所谓"母线硬分段"接线方式，如图 4-3 所示；对具有双回线路的电路，在负荷允许的条件下可采用单回线路运行；对环形供电网络，可在环网中穿越功率最小处开环运行等。这些接线方式和采取的运行方式，其目的在于增大系统阻抗，减小短路电流。但这样可能会降低主接线的供电可靠性和运行灵活性。

2）利用电抗器限制短路电流

（1）母线分段加装电抗器。

如图 4-4 所示，在母线分段处装设电抗器 L1。当母线任一分段短路时，其他分段上由发电机和系统来的短路电流都将受到电抗器的限制。当母线引至用户的线路上发生短路时，短路电流也同样受到限制。所以母线分段电抗器的主要优点是：限制短路电流范围大，无论

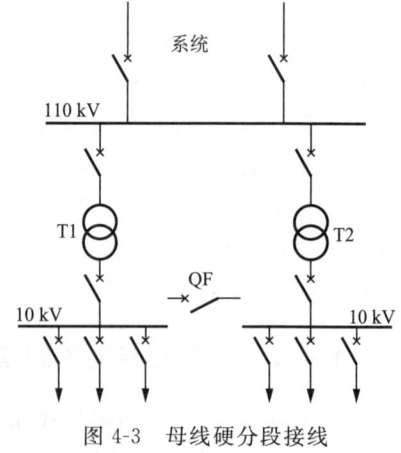

图 4-3 母线硬分段接线

是厂内或厂外发生短路时,都能起限流作用。

(2) 出线加装电抗器。

在图 4-4 中,出线上装设电抗器 L2,对本线路的限流作用较之母线分段电抗器要大得多。在采用电缆引出线时,电缆的电抗很小,并且还有分布电容,即使在电缆的末端短路,也和母线短路电流相近。而出线断路器和电缆的额定电流远比发电机电流小,不能承受这样大的短路电流,因此,每回电缆出线都应装设出线电抗器。当出线数目较多时,电抗器也较多,以致装置显得复杂。

3) 采用低压分裂绕组变压器

200 MW 及以上机组电厂中的高压厂用变压器大都

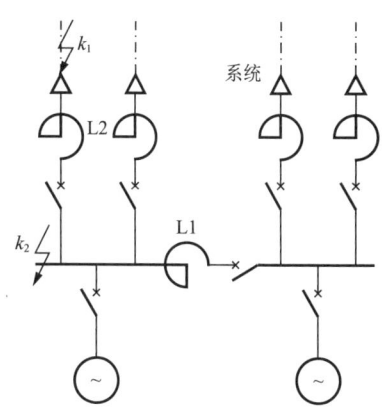

图 4-4　电抗器的作用及接法

采用低压分裂绕组的变压器,并将两个分裂绕组接至厂用电的两个分段上。这种变压器在正常工作和低压侧短路时,其电抗值是不同的,图 4-5 给出了它的等值电路。

当分裂绕组变压器正常工作时,每个低压绕组流过相同的电流 $\dot{I}/2$,若不计变压器励磁电流,则高压绕组中流过的电流为 $\dot{I}$。

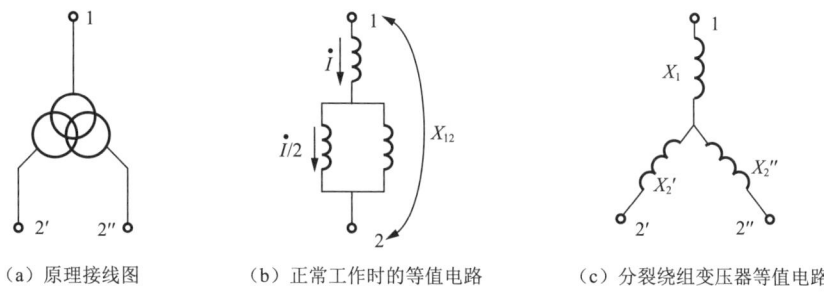

(a) 原理接线图　　　(b) 正常工作时的等值电路　　　(c) 分裂绕组变压器等值电路

图 4-5　分裂绕组变压器及等值电路

设 X_{12} 为高、低压绕组正常工作时的总等值电抗,或称为穿越电抗;X_2' 和 X_2'' 分别为高压绕组开路时两个分裂绕组的漏抗,可近似看作常数,且 $X_2' = X_2''$;X_1 为高压绕组的电抗;$X_{2'2''}$ 为分裂变压器的分裂电抗,其值为 $X_{2'2''} = X_2' + X_2'' = 2X_2' = 2X_2''$;$X_{12'}$ 或 $X_{12''}$ 为分裂变压器的半穿越电抗,且 $X_{12'} = X_{12''} = X_1 + X_2'$;$k_f$ 为分裂变压器的分裂系数,$k_f = X_{2'2''}/X_{12}$。

正常运行时,由等值电路图可以看出电压降的关系为:

$$\dot{I}X_{12} = \dot{I}X_1 + \frac{\dot{I}}{2}X_2' \tag{4-6}$$

故得:

$$X_{12} = X_1 + \frac{X_2'}{2} \tag{4-7}$$

考虑到 $X_{2'2''} = X_2' + X_2'' = 2X_2'$,则式(4-7)可改写为:

$$X_{12} = X_1 + \frac{X_{2'2''}}{4} \tag{4-8}$$

式(4-8)表明,低压分裂绕组正常运行时的电抗只相当于两分裂绕组短路电抗的 1/4。

当一个分裂绕组(设 2')发生短路时,来自系统或发电机的短路电流将受到半穿越电抗

$X_{12'}$ 的限制，即

$$X_{12'} = X_1 + X_2' = X_{12} + \frac{X_{2'2''}}{4} = X_{12} + \frac{k_f X_{12}}{4} \tag{4-9}$$

故得：

$$X_{12'} = \left(1 + \frac{1}{4}k_f\right)X_{12} \tag{4-10}$$

若分裂系数 $k_f = 4$，则半穿越电抗为穿越电抗的 2 倍，即 $X_{12'} = 2X_{12}$，当分裂变压器一个分裂绕组短路时，来自系统和发电机的短路电流将受到很大的半穿越电抗限制。分裂绕组变压器的这一特性，使得它在大型发电厂中得到了广泛的应用。

4) 增大变压器的零序阻抗

在 110 kV 及以上电压等级的电网中，变压器中性点大都采用直接接地的运行方式。若变压器中性点都采用直接接地方式工作，必然导致系统的零序电抗小于正序电抗（$X_0 < X_1$），从而使单相短路电流大于三相短路电流（$I_f^{(1)} > I_f^{(3)}$）。为了限制单相短路电流，可采取增大零序阻抗的方法。具体方法为：

(1) 部分变压器中性点不接地。当发电厂或变电所中有多台变压器并联工作时，可使部分变压器中性点不接地。变压器中性点接地与否以及接地的台数，应由调度统一安排。

(2) 变压器中性点经小电抗接地。在单相短路电流较大的系统中，可通过在部分变压器中性点接入小电抗的方法，限制单相短路电流。变压器通过小电抗接地，不影响变压器接地的性质，同时起到增大零序电抗的目的。

(3) 部分厂用变压器中性点经电阻接地。对于容量较大的发电机组，为了提高厂用系统供电的可靠性，将部分厂用变压器中性点经电阻接地。接于变压器中性点的电阻，按阻值可分为：中性点经高阻接地、中性点经中阻接地和中性点经低阻接地三种。变压器中性点经 70 Ω 以上的电阻接地称为经高阻接地，经 10~70 Ω 的电阻接地称为经中阻接地。这样当厂用系统发生单相短路接地时，回路中就没有较大的单相短路电流，仅有不大的阻容性电流，其工作原理与中性点经消弧线圈接地的工作原理相似。因此，可以不必立即停机，这段时间工作人员可以排除故障，因而供电可靠性较高。中性点经 10 Ω 以下的电阻接地称为经低阻接地，对这种接地方式，当发生单相短路时，继电保护动作于断路器跳闸。

第 5 章 电气设备的选择

导线和电气设备的选择是变电所设计的主要内容之一。各种高压设备(断路器、隔离开关、负荷开关、熔断器、互感器、电抗器、母线、电缆、支持绝缘子及穿墙套管等)的功能和特点不同,要求的运行条件和装设环境也各不相同,但也具有共同遵守的原则:电气设备要能可靠地工作,必须按正常工作条件进行选择,并且按短路条件进行稳定校验。

5.1 电气设备选择的一般原则

5.1.1 按正常工作条件选择电器

1) 电压

各种电气设备除了铭牌标定的额定电压外,还有最高工作电压,即电气设备长期运行所允许的最高电压。通常电气设备可在其额定电压的110%~115%下安全运行,这也就是它的最高工作电压。电缆和电器的允许最高工作电压 U_{ymax} 不应小于所在电网的最高运行电压,即

$$U_{ymax} \geqslant U_{wmax} \tag{5-1}$$

电器所接电网的运行电压因调压或负荷变化等原因,经常会高于电网的额定电压,但电网的最高运行电压一般不会超过1.1倍的电网额定电压 $U_{N.S}$,因此选择电器时,一般按电器的额定电压 U_N 不低于装设地点电网额定电压 $U_{N.S}$ 的条件选择,即

$$U_N \geqslant U_{N.S} \tag{5-2}$$

2) 电流

导体和电器的额定电流 I_N 不应小于该回路的最大持续工作电流 I_{max},即

$$I_N \geqslant I_{max} \tag{5-3}$$

各种电气设备可能的最大持续电流一般按表5-1取值。我国目前生产的电器,设计时取周围介质温度为40 ℃,如果电器的工作环境最高气温高于或低于40 ℃,由于冷却条件不同,其允许电流应加以校正:

(1) 当电器工作环境温度高于40 ℃时,环境温度每升高1 ℃,额定电流应减少1.8%;

(2) 当电器工作环境温度低于40 ℃时,环境温度每降低1 ℃,额定电流可增加0.5%,但增加的总数不得超过 $20\% I_N$。

表 5-1 各回路最大持续工作电流

回路名称	计算公式
发电机或同期调相机回路	$I_{max}=1.05I_N=\dfrac{1.05P_N}{\sqrt{3}U_N\cos\varphi_N}$
三相变压器回路	$I_{max}=1.05I_N=\dfrac{1.05S_N}{\sqrt{3}U_N}$
母线分段断路器或母线断路器回路	I_{max}一般为该母线上最大一台发电机或一组变压器的持续工作电流
主母线	按潮流分布情况计算
馈电回路	$I_{max}=\dfrac{S_c}{\sqrt{3}U_N}$ 其中,S_c应包括线路损耗及其故障时转移过来的负荷
电动机回路	$I_{max}=\dfrac{P_N}{\sqrt{3}U_N\eta_N\cos\varphi_N}$

注:① P_N,U_N,I_N,η_N 等均指设备本身的额定值。
② 各标量的单位为:I 的单位为 A,U 的单位为 kV,P 的单位为 kW,S 的单位为 kV·A。

3) 其他

选择电器时应考虑设备的装设地点,即按工作环境、运行条件和要求选择设备的型号规格,如户内或户外设备,应选用防爆型或普通型电气设备;如果工作环境污染严重,应选用加强绝缘的电器;如果电路操作频繁,应选用胜任频繁操作的真空断路器而不应选用不适于频繁操作的少油式断路器等。

5.1.2 按短路情况校验电器的稳定性

电气设备选定后,应按其最大可能通过的短路电流进行动稳定和热稳定校验。在计算校验用短路电流时,要合理确定电力系统最大运行方式、短路计算点,正确估计短路时间。

动稳定和热稳定校验时,通常取最大运行方式下三相短路时的短路电流,但在某些特殊情况下,例如中性点直接接地系统及自耦变压器等回路中的单相接地、两相接地短路比三相短路更严重时,应按最严重情况下的短路电流进行校验。

1) 短路热稳定校验

短路热稳定就是要求所选的电器,当短路电流流过它时,其最高温度不应超过制造厂规定的短路时发热最高允许温度。工程中校验热稳定的条件为:

$$I_\infty^2 t_{ima}\leqslant I_t^2 t \tag{5-4}$$

式中,I_∞ 为稳态短路电流;I_t 为电器制造厂提供的在 t s(通常为 1,4,5 s)内允许通过的热稳定试验电流;t_{ima} 为短路假想时间。

$$t_{ima}=t_{ima.p}+t_{ima.np}=t_{pr}+t_{QF}+0.05(\beta')^2 \tag{5-5}$$

式中,$t_{ima.p}$ 和 $t_{ima.np}$ 分别为周期分量的假想时间和非周期分量的假想时间;t_{pr} 为保护动作时间;t_{QF} 为断路器动作时间;$\beta'=\dfrac{I''}{I_\infty}$,其中 I'' 为次暂态短路电流。

2) 电动力稳定校验

电动力稳定是指电器承受短路电流引起机械效应的能力。在校验时,用短路冲击电流或其有效值与制造厂家规定的最大允许极限通过电流峰值或有效值进行比较。工程中校验动稳定的条件为：

$$i_{sh} \leqslant i_{Nmax} \tag{5-6}$$

或

$$I_{sh} \leqslant I_{Nmax} \tag{5-7}$$

式中，i_{sh}，I_{sh} 分别为短路冲击电流及其有效值；i_{Nmax}，I_{Nmax} 分别为制造厂家提供的电器极限通过电流的最大值及其有效值。

对于下列情况可不进行短路校验：

(1) 用熔断器保护的电器和导体，其热稳定由熔断时间保证，可不验算热稳定。如果熔断器具有限流作用，在短路电流达到峰值时即已熔断，则动稳定也可不校验。

(2) 对于熔断器保护的在电压互感器回路内的电器和裸导体可不验算动、热稳定，因为短路电流较小。

(3) 架空线路可不验算动、热稳定。

(4) 电缆一般有足够的机械强度，可不校验动稳定。

(5) 在非重要用电场所的导体，当变压器容量在 1 250 kV·A 以下，高压侧电压为 10 kV 及以下，且不致因短路故障损坏导体而产生严重后果（如引起爆炸、修复困难或生产过程混乱等）时，可不验算动、热稳定。

为了便于读者在选择电气设备时查阅，现将各种电气设备的选择与校验项目汇总列于表 5-2 中。

表 5-2　导体和电器的选择与校验项目

项目 电器	正常条件		短路条件		
	额定电压	额定电流	开断电流/容量	动稳定	热稳定
断路器	√	√	√	√	√
负荷开关	√	√	√	√	√
隔离开关	√	√	—	√	√
熔断器	√	√	√	—	—
电流互感器	√	√	—	√	√
电压互感器	√	—	—	—	—
支持绝缘子	√	—	—	√	—
穿墙套管	√	√	—	√	√
导线	—	√	—	√	√
电缆	√	√	—	—	√
开关柜	√	√	√	—	—
说明	设备额定电压和工作电压相等	设备额定电流大于工作电流	开断容量应大于短路容量	按三相冲击电流校验	按三相稳态短路电流校验

注：① 表中"√"代表选择、校验项目，"—"代表不需要校验项目。
　　② 封闭电器的选择与校验项目和断路器相同。

5.2 高压开关电器的选择

高压开关电器包括高压断路器、隔离开关和负荷开关。

5.2.1 高压断路器的选择

高压断路器是高压供电系统中最重要的电气设备之一。它能在有负荷的情况下接通和断开电路,当系统发生短路故障时,在继电保护装置的作用下迅速断开故障电路。

高压断路器是根据其主要技术参数来选择的,即按正常工作电压、电流选择,按短路电流校验热稳定和动稳定,还应满足开断电流和关合电流的条件,其具体选择与校验项目见表5-3。

表5-3 断路器的选择与校验项目

额定电压/V	额定电流/A	额定开断电流/kA	额定短路关合电流/kA	动稳定	热稳定
$U_N \geqslant U_{N.S}$	$I_N \geqslant I_{max}$	$I_{N.b} \geqslant I''$	$i_{N.c} \geqslant i_{sh}$	$i_{Nmax} \geqslant i_{sh}$	$I_t^2 t \geqslant I_\infty^2 t_{ima}$

注:① $I_{N.b}$ 为断路器在额定电压下的开断电流;$i_{N.c}$ 为断路器的额定短路关合电流;i_{Nmax} 为电器极限通过电流的最大值。

② I'' 和 I_∞ 分别为断路器安装地点发生三相短路时的次暂态短路电流和稳态短路电流。

5.2.2 隔离开关的选择

隔离开关的主要用途是在检修高压电器时,将被修理的设备与其他带电的部分可靠地断开,并构成明显的断开点,以保证检修时的安全。在一定条件下,允许用隔离开关接通或隔开小功率电路,如容量不大的空载变压器或电压互感器等。

隔离开关按额定电压、额定电流选择,按短路条件校验动稳定和热稳定。隔离开关的选择与校验项目见表5-4。

表5-4 隔离开关的选择与校验项目

额定电压	额定电流	动稳定	热稳定
$U_N \geqslant U_{N.S}$	$I_N \geqslant I_{max}$	$i_{Nmax} \geqslant i_{sh}$	$I_t^2 t \geqslant I_\infty^2 t_{ima}$

5.2.3 负荷开关的选择

负荷开关具有简单的灭弧装置,用来切断或接通带负荷电流的电路,但不能用来切断短路电流的电路。负荷开关一般与高压熔断器装在一起使用,其中熔断器用于切断短路电流。

负荷开关的选择方法与高压断路器的选择方法相同。

5.3 高压熔断器的选择

高压熔断器是一种防止电气设备长期通过过载电流和短路电流的保护元件。高压熔断器的动作具有反时限的安秒保护特性。由于高压熔断器的结构简单、使用方便、价格低廉,所以在工厂企业的供配电系统中,在对中断供电无特殊要求的设备或网络上得到了极为广泛的应用,特别是对于动作时间要求不太严格,且灵敏系数有较大潜力的情况,从降低造价考虑,只要断流容量合格,就应优先考虑采用高压熔断器作为控制和保护设备。高压熔断器的选择与校验项目见表5-5。

表 5-5 高压熔断器的选择与校验项目

额定电压/V	额定电流/A	额定开断电流/kA	保护特性校验
$U_N \geq U_{N.S}$	$I_{N.Rg} \geq I_{N.Rt}, I_{N.Rt} = KI_{max}$	$I_{N.b} \geq I_{sh}, I_{N.b} \geq I''$	$K_{b(t)} I_{N.Rt} > I''_{cj}$

注:$I_{N.Rg}$和$I_{N.Rt}$分别为熔断器(熔管)和熔体的额定电流;K为可靠系数;$K_{b(t)}$为对应熔断时间t的熔断电流倍数,即熔断器额定电流与熔断电流的比。

5.3.1 按额定电压选择

对于一般的高压熔断器,其额定电压U_N必须大于或等于电网的额定电压$U_{N.S}$。对于填充石英砂有限流作用的高压熔断器,则只能用在等于其额定电压的电网中,因为这类熔断器在电流达到最大值之前就将电流截断,致使熔断器熔断时产生过电压。过电压倍数与电路参数及熔体长度有关,一般在等于其额定电压的电网中为2~2.5倍,但在低于其额定电压的电网中,因熔体较长,过电压可达相电压的3.5~4倍,以致损害电网中的电气设备。

5.3.2 按额定电流选择

熔断器的额定电流选择包括熔管的额定电流$I_{N.Rg}$和熔体的额定电流$I_{N.Rt}$的选择。

(1)熔管的额定电流是指熔断器外壳载流部分和接触部分设计时所依据的电流。为了保证熔断器外壳不致损坏,熔管的额定电流$I_{N.Rg}$应大于或等于熔体的额定电流$I_{N.Rt}$,即

$$I_{N.Rg} \geq I_{N.Rt} \tag{5-8}$$

(2)熔体的额定电流是指熔体本身设计时所依据的电流。不同材料、不同截面的熔体所允许通过的最大电流不同。在同样的熔断器熔管内,通常可分别装入不同额定电流的熔体。例如熔断器额定电流是20 A,里面可以根据需要安装额定电流为2 A,4 A,6 A,10 A,16 A,20 A的熔体。

用于保护线路的熔断器,熔体的额定电流应不小于线路的最大工作电流,即

$$I_{N.Rt} = KI_{max} \tag{5-9}$$

式中,$I_{N.Rt}$为熔体的额定电流;I_{max}为熔断器安装线路的最大工作电流;K为可靠系数,取1.1~1.3。对于配电线路装在分支线路上的熔断器,按分支上的最大负荷电流来选择;对于保护电缆的熔断器,按电缆所允许的电流来选择。

用于保护35 kV以下电力变压器的高压熔断器,熔体的额定电流按下式选择:

$$I_{N.Rt} = KI_{N.T} \tag{5-10}$$

式中,K为可靠系数,通常100 kV·A以下的变压器,$K=2$~3,100 kV·A以上的变压器,$K=1.5$~2;$I_{N.T}$为变压器的额定电流,对一次侧,10 kV时$I_{N.T1}=6\%S_N$,6 kV时$I_{N.T1}=10\%S_N$,对二次侧,$I_{N.T2}=3S_N/2$。

用于保护电力电容器的熔断器熔体,当运行电压升高或波形畸变引起回路电流增大或运行过程中产生涌流时不应误熔断,其熔体按下式选择:

$$I_{N.Rt} = K I_{N.C} \tag{5-11}$$

式中，K 为可靠系数，对限流式高压熔断器，当采用一台电力电容器时，$K=1.5\sim2$，当采用一组电力电容器时，$K=1.3\sim1.8$；$I_{N.C}$ 为电力电容器回路额定电流。

用于保护电压互感器的熔断器的熔体额定电流为 0.5 A 或 1 A，并要求能承受互感器的励磁冲击。

5.3.3 熔断器开断电流校验

对于没有限流作用的熔断器，选择时用冲击电流进行校验：

$$I_{N.b} \geq I_{sh} \tag{5-12}$$

对于有限流作用的熔断器，在电流过最大值之前已截断，故可不计非周期分量影响，而用次暂态短路电流 I'' 进行校验：

$$I_{N.b} \geq I'' \tag{5-13}$$

对于跌落式熔断器，需校验断流能力的上下限值。应使被保护线路的三相短路的冲击电流小于其上限值，而两相短路电流大于其下限值。

断流上限：

$$I_{N.b} \geq I_{sh} \tag{5-14}$$

断流下限：

$$I_{N.b} \geq I_k^{(2)} \tag{5-15}$$

跌落式熔断器作输配电线路和电力变压器的过载和短路保护以及分、合额定负荷电流之用，还要校验可开断负荷电流、开断空载变压器容量、允许切合空载线路的长度等。

5.3.4 熔断器选择性配合

为了保证前后两级熔断器之间，或熔断器与电源或负荷的继电保护之间动作的选择性，应进行熔体选择性校验。一般上、下级的熔体额定电流之差应大于 2~3 个额定电流级差。各种型号的熔断器熔体熔断时间可由制造厂提供的安秒特性曲线上查出。

5.3.5 保护特性校验

瞬时冲击电流 I_{cj}'' 是指变压器空载励磁电流、电容器组投入时的冲击电容电流、外部短路或电机自起动引起的冲击电流等。为躲过这些电流而不产生误熔断，应保证熔体通过 I_{cj}'' 时的熔断时间不小于 t（取 0.1 s），即熔体在熔断时间 $t=0.1$ s 时的熔断电流应大于 I_{cj}''。保护特性的校验公式如下：

$$K_{b(t)} I_{N.Rt} > I_{cj}'' \tag{5-16}$$

式中，$K_{b(t)}$ 为对应熔断时间 t 的熔断电流倍数，即熔断器额定电流与熔断电流的比。在选择熔断器的熔断电流倍数时，主要是由负荷性质来决定其是大一点还是小一点，一般熔断电流倍数是 1.5~5。

5.4 高压互感器的选择

互感器是电力系统中一次系统与二次系统之间的联络元件，用以变换电压或电流，分别向测量仪表和继电器的电压线圈与电流线圈供电。根据用途不同,互感器分为两类:一类为电流互感器,也叫仪用变流器,它是将大电流变成小电流(5 A)的设备;另一类是电压互感器,也叫仪用变压器,它是将高电压变成低电压(100 V)的设备。

5.4.1 电流互感器的选择

测量与保护用的电流互感器应根据装设地点条件、一次回路的额定电压及电流进行选择,并校验其短路时的热稳定和动稳定,此外还应满足测量与计量仪表对准确度的要求。继电保护用电流互感器还应满足10%误差特性曲线的要求。电流互感器选择与校验项目见表5-6。

表5-6 电流互感器选择与校验项目

额定电压	额定电流	额定负载	动稳定	热稳定
$U_N \geqslant U_{N.S}$	$I_N \geqslant I_{max}$	$S_2 \leqslant S_{N2}$ $Z_2 \leqslant Z_{N2}$	$i_{sh} \leqslant K_{dw}\sqrt{2}I_{N1}$	$I_\infty^2 t_{ima} \leqslant (K_t I_{N1})^2 t$

注:Z_2 和 Z_{N2} 分别表示二次侧负荷阻抗和额定二次侧负荷阻抗,Ω。

1) 准确等级的选择

电流互感器的准确等级应根据二次回路所接测量仪表和保护电器对准确等级的要求而定。电流互感器的准确度一般分为0.2,0.5,1,3,10等几个等级,一般计量用电流互感器要求准确度不低于0.5级,而配电盘上的监测仪表或继电器则采用1~3级的互感器。当同一回路所用测量仪表要求不同的准确等级时,应按准确等级最高的仪表确定电流互感器的准确等级。

2) 额定容量的选择

为了保证电流互感器的准确度,要求其二次侧所接的负荷应不大于该准确等级所规定的额定负荷,即要求:

$$S_{N2} \geqslant S_2 = 25Z_2 \tag{5-17}$$

式中,S_{N2} 为电流互感器对应其准确度的额定容量,V·A;S_2 为电流互感器二次侧负荷视在功率,V·A;Z_2 为电流互感器二次侧负荷阻抗,Ω。

负荷主要取决于其最大相外接阻抗 Z_2,若不考虑电抗值,则 Z_2 是所有测量仪表电流线圈的电阻 r_1、所有继电器电流线圈的电阻 r_2、连接导线的电阻 r_3,以及接触电阻 r_4 的总和,即

$$Z_2 = r_1 + r_2 + r_3 + r_4 \tag{5-18}$$

接触电阻 r_4 由于不能准确测量,一般取为0.05~0.1 Ω;测量仪表和继电器的电阻应根据所接的情况加以计算;仪表配置参见《电力工程基础》(王艳松,孟庆伟. 中国石油大学出版社,2020)和《电测量及电能计量装置设计技术规程》(DL/T 5137)。为了使电流互感器的二次侧负荷视在功率 S_2 在所需的准确度下不超过电流互感器的额定容量 S_{N2},连接导线的电阻 r_3 需要满足下列条件:

$$r_3 \leqslant \frac{S_{N2} - I_{N2}^2(r_1 + r_2 + r_4)}{I_{N2}^2} \tag{5-19}$$

若连接导线长度一定,则导线截面积为:

$$S = \frac{\rho L}{r_3} \tag{5-20}$$

式中,ρ 为导线电阻率,$\Omega \cdot mm^2/km$,铜导线 $\rho=18.8$,铝导线 $\rho=31.7$;L 为连接导线的计算长度,取决于测量仪表与电流互感器间的距离及互感器与测量仪表的接法,即

$$L=kl \qquad (5-21)$$

式中,l 为电流互感器与测量仪表间的实际距离,m;k 为接线系数,电流互感器二次侧为三相星形接法时 $k=1$,电流互感器二次侧为两相不完全星形接法时 $k=\sqrt{3}$,电流互感器二次侧为单相接线时 $k=2$。

由式(5-20)计算出导线截面积后,查产品目录,选出标准截面,考虑到连接导线需要一定的机械强度,要求铜导线截面积不小于 $1.5\ mm^2$,铝导线截面积不小于 $2.5\ mm^2$。

3) 动稳定校验

$$i_{sh} \leqslant K_{dw}\sqrt{2}\,I_{N1} \qquad (5-22)$$

式中,K_{dw} 为互感器允许通过电流峰值 i_{dw} 与一次侧额定电流最大值之比,即 $K_{dw}=\dfrac{i_{dw}}{\sqrt{2}\,I_{N1}}$,称为电流互感器的动稳定倍数。

对于环氧树脂浇注的母线型电流互感器,可不校验动稳定。

4) 热稳定校验

电流互感器的热稳定能力通常用 1 s 允许通过额定电流的倍数来表示。K_t 称为 1 s 热稳定倍数,其校验公式为:

$$I_\infty^2 t_{ima} \leqslant (K_t I_{N1})^2 \qquad (5-23)$$

5.4.2 电压互感器的选择

电压互感器应按安装环境条件、额定电压、准确等级及二次侧负荷来选择,具体选项见表 5-7。

表 5-7 电压互感器选择与校验项目

一次侧额定电压	二次侧额定电压/V	额定负载
$1.1U_{N.S}>U_{N1}>0.9U_{N.S}$	100 $100/\sqrt{3}$ $100/3$	$Z_2 \leqslant Z_{N2}$ $S_2 \leqslant S_{N2}$

1) 准确等级

电压互感器的准确度也分为 0.2,0.5,1,3,10 等几个等级。计量电费的电度表用的电压互感器,其准确度应为 0.5 级,而配电盘上的监测仪表则用 1~3 级的电压互感器。

由于互感器二次侧负荷的增大会使电压误差增大,故对不同的准确度皆有不同的二次侧额定负荷。如果各计量仪表及继电器的电压线圈总视在功率不超过电压互感器技术数据规定的功率,则可保证相应的准确度。

2) 一次侧电压

一次侧电压允许的波动范围是 $\pm 10\%$,即 $1.1U_{N.S}>U_{N1}>0.9U_{N.S}$,其中 U_{N1} 为电压互感器的额定一次侧线电压。

3) 二次侧电压

电压互感器的二次侧电压应根据使用情况选择。对于接于线电压上的二次线圈 $U_{N2}=$

100 V,接于相电压上的二次线圈 $U_{N2}=100/\sqrt{3}$ V,接于中性点不接地系统的二次辅助线圈 $U_{N2}=100/3$ V。

4）二次侧负荷

在计算单相或三相电压互感器中的一相负荷时，应注意其接线方式。表 5-8 为两种常见的电压互感器与负荷的接线方式及每相负荷的计算公式。

表 5-8 电压互感器二次侧负荷容量的计算

负荷接线方式	星形接线		不完全星形接线	
A 相	有功	$P_A=S_a\cos\varphi$	$P_A=\dfrac{1}{\sqrt{3}}[S_{ab}\cos(\varphi_{ab}-30°)+S_{ca}\cos(\varphi_{ca}+30°)]$	AB	有功	$P_{AB}=S_{ab}\cos\varphi_{ab}$
	无功	$Q_A=S_a\sin\varphi$	$Q_A=\dfrac{1}{\sqrt{3}}[S_{ab}\sin(\varphi_{ab}-30°)+S_{ca}\sin(\varphi_{ca}+30°)]$		无功	$Q_{AB}=S_{ab}\sin\varphi_{ab}$
B 相	有功	$P_B=S_b\cos\varphi$	$P_B=\dfrac{1}{\sqrt{3}}[S_{ab}\cos(\varphi_{ab}+30°)+S_{bc}\cos(\varphi_{bc}-30°)]$	BC	有功	$P_{BC}=S_{bc}\cos\varphi_{bc}$
	无功	$Q_B=S_b\sin\varphi$	$Q_B=\dfrac{1}{\sqrt{3}}[S_{ab}\sin(\varphi_{ab}+30°)+S_{ca}\sin(\varphi_{bc}-30°)]$		无功	$Q_{BC}=S_{bc}\sin\varphi_{bc}$
C 相	有功	$P_C=S_c\cos\varphi$	$P_C=\dfrac{1}{\sqrt{3}}[S_{bc}\cos(\varphi_{ab}+30°)+S_{ca}\cos(\varphi_{ca}-30°)]$			
	无功	$Q_C=S_c\sin\varphi$	$Q_C=\dfrac{1}{\sqrt{3}}[S_{bc}\sin(\varphi_{ab}+30°)+S_{ca}\sin(\varphi_{ca}-30°)]$			

由于电压互感器二次侧各相负荷是不平衡的，故在考虑准确度时，应以最大相负荷 S_2 为依据。将此负荷与额定容量相比较，应满足：

$$S_{N2}\geqslant S_2 \qquad (5-24)$$

式中，S_{N2} 为在测量仪表要求的最高准确等级下，电压互感器的额定容量，V·A；S_2 为电压互感器二次侧最大相负荷，V·A。

由于电压互感器是与电路并联连接的，当系统发生短路时，电压互感器本身并不受短路电流的作用，因此不需要校验动稳定与热稳定。

5.5 母线和绝缘子的选择

5.5.1 母线的选择

母线的作用是汇集、分配和传送电能。在运行中，母线有巨大的电能通过；当短路时，母线承受着很大的发热和电动力效应。母线一般按以下项目进行选择与校验：① 母线材料、结构类型和布置方式；② 母线截面；③ 热稳定；④ 动稳定等。对于 110 kV 以上母线要进行电晕的校验，对重要回路的母线还要进行共振频率的校验。配电装置中的母线选择与校验项目见表 5-9。

表 5-9 母线选择与校验项目

母线截面	动稳定	热稳定
$I_{al} \geqslant I_{max}$ $S_{ec} = \dfrac{I_{max}}{J_{ec}}$	$\sigma_c \leqslant \sigma_{al}$ $l_{max} = \sqrt{\dfrac{10\sigma_{al}W}{f}}$	$S \geqslant S_{min} = \dfrac{I_\infty}{C}\sqrt{t_{ima}K_{jf}}$

1) 母线的材料、结构和排列方式

母线的材料有铜和铝两种。铜的电阻率低，机械强度大，抗腐蚀性强，是很好的母线材料。但由于铜在工业上有很多重要用途，而且储量不多，价格较贵，因此铜母线仅用于空气中含腐蚀性气体（如靠近海岸或化工厂等）的配电装置中。铝的电阻率为铜的 1.7～2 倍，质量只有铜的 30%，而且储量多，价格也低，因此广泛应用于户内外的配电装置中。

母线按结构分为硬母线和软母线。常用的硬母线截面有矩形、槽形和管形。矩形母线常用于 35 kV 及以下、电流在 4 000 A 及以下的配电装置中，单条矩形母线的截面最大不允许超过 1 250 mm^2。当工作电流较大时，可将多条矩形母线并列使用，但应以每相不超过 3 条为宜。对于 20 kV 以下、工作电流为 2 000～4 000 A 的情况，可采用每相 2 条或 3 条的矩形导体。槽形母线机械强度好，载流量较大，集肤效应系数也较小，一般用于 4 000～8 000 A 的配电装置中。管形母线集肤效应系数小，机械强度高，管内还可通风和通水冷却，因此可用于 8 000 A 以上的大电流母线。软母线用于户外，因空间大，即使导线有所摆动也不致造成线间距离不够，同时施工简便，造价低廉。

母线的散热性能和机械强度与母线的布置方式有关。母线的三相排列布置应根据载流量大小、短路电流水平和配电装置的具体情况而定。

2) 母线截面的选择

(1) 按最大长期工作电流选择母线截面。

为了保障母线正常运行时的温度不超过允许值，通过母线的最大长期工作电流应不超过其长期允许工作电流，即满足下列条件：

$$I_{al} \geqslant I_{max} \tag{5-25}$$

式中，I_{al} 为某一周围环境温度和母线布置方式（如矩形母线平放比立放降低 5%~8%）下，母线长期允许工作电流，A；I_{max} 为该母线在电路中的最大长期工作电流，A。

矩形母线的长期允许工作电流是按导体长期允许温度为 70 ℃，周围气温为 25 ℃ 的条件确定的。当周围实际温度不为 25 ℃ 时，其长期允许工作电流应乘以温度校正系数 K_θ，见表 5-10。

表 5-10 导体载流的温度校正系数

导体额定温度/℃	实际环境温度(℃)的载流校正系数											
	−5	0	+5	+10	+15	+20	+25	+30	+35	+40	+45	+50
80	1.24	1.20	1.17	1.13	1.09	1.04	1.00	0.95	0.90	0.85	0.80	0.74
70	1.29	1.24	1.20	1.15	1.11	1.05	1.00	0.94	0.88	0.81	0.74	0.67
65	1.32	1.27	1.22	1.17	1.12	1.06	1.00	0.94	0.87	0.79	0.71	0.61
60	1.36	1.31	1.25	1.20	1.13	1.07	1.00	0.93	0.85	0.76	0.66	0.54
55	1.41	1.35	1.29	1.23	1.15	1.08	1.00	0.91	0.82	0.71	0.58	0.41
50	1.48	1.41	1.34	1.26	1.18	1.09	1.00	0.89	0.78	0.63	0.45	—

（2）按经济电流密度选择导体截面。

对于年最大负荷利用小时数较大（通常指 $T_{max} > 5\,000$ h）、母线较长（>20 m）、传输容量较大的回路，均应按经济电流密度选择母线。根据经济电流密度选择母线可使其年运行费用最低。母线的经济截面可由下式决定：

$$S_{ec} = \frac{I_{max}}{J_{ec}} \tag{5-26}$$

式中，S_{ec} 为母线的经济截面；J_{ec} 为经济电流密度，见表 5-11。

表 5-11 经济电流密度值（A/mm²）

导体材料	年最大负荷利用小时数 T_{max}/h		
	3 000 以下	3 000~5 000	5 000 以上
裸铜导线和母线	3.00	2.25	1.75
裸铝导线和母线	1.65	1.15	0.90
铜芯电缆	2.50	2.25	2.00
铝芯电缆	1.92	1.73	1.54

3）母线的热稳定校验

工程上为简化计算，常采用短路时发热满足最高允许温度的条件下所需导体的最小截面积 S_{min} 来校验载流导体的热稳定性。当所选的导体截面大于或等于 S_{min} 时便是稳定的，反之就不稳定。S_{min} 按下式计算：

$$S_{min} = \frac{1}{C} I_\infty \sqrt{t_{ima} K_{jf}} \tag{5-27}$$

式中，C 为热稳定系数（见附表）；K_{jf} 为集肤效应系数，当矩形母线截面在 1 000 mm² 以下时为1,母线截面在 1 000~2 000 mm² 时为1.1,对于电缆和小截面导体一般近似取1。

4) 硬母线的动稳定校验

各种形状的硬母线通常安装在支柱绝缘子上,短路冲击电流产生的电动力将使导体发生弯曲,因此导体应按弯曲情况进行应力计算。软导体不必进行动稳定校验。

母线的动稳定校验按下列两式进行:

$$\sigma_c \leqslant \sigma_{al} \tag{5-28}$$

$$\sigma_c = \sqrt{3} K_x \frac{l^2}{aW} i_{sh}^2 \times 10^{-3} \tag{5-29}$$

式中,σ_c 为作用于母线的计算应力,kg/cm²;σ_{al} 为母线最大允许应力,kg/cm²,其中硬铝为 70 MPa,硬铜为 140 MPa;l 为两绝缘子间的母线长度,cm;a 为母线相间距离,cm;W 为截面系数,母线平放时为 $0.167bh^2$,母线立放时为 $0.167b^2h$;b 为母线厚度,cm;h 为母线宽度,cm;i_{sh} 为三相冲击短路电流,kA;K_x 为母线形状系数,当母线相间距离远大于母线截面周长时,取 $K_x=1$。

当同相母线由多条矩形导体组成时,母线中最大应力视为相间应力和条间应力叠加而成。当同相母线由两条导体组成时,认为相电流在两条中均匀分配;当同相母线由三条导体组成时,认为中间导体通过20%相电流,两侧各通过40%相电流,相间和条间应力的计算公式相同。

母线通常每隔一定距离由绝缘瓷瓶自由支撑着。当母线受电动力作用时,可以将母线看成一个多跨距载荷均匀分布的梁,因此设计时也常根据母线的机械强度 σ_{al} 来决定其最大允许跨距 l_{max}。

$$l_{max} = \sqrt{\frac{10\sigma_{al}W}{f}} \tag{5-30}$$

式中,$f = \frac{F}{l}$ 为三相短路时母线单位长度所受的力;$F = \sqrt{3}\frac{l}{a}i_{sh}^2 \times 10^{-2}$。

当矩形母线水平放置时,为避免导体因自重而过分弯曲,所选取的跨距一般不超过 1.5~2 m。考虑到绝缘子支座及引下线安装方便,常选取绝缘子跨距等于配电装置间隔的宽度。

5.5.2 支持绝缘子和穿墙套管的选择

高压绝缘子和穿墙套管是母线结构的重要组成部分。高压绝缘子用于支撑和固定母线,使带电导体间、载流部分与地之间有足够的距离和绝缘强度。而穿墙套管则是母线在户内穿墙和天花板,以及由户内向外引出时使用。高压绝缘子分为支持绝缘子、线路绝缘子和套管绝缘子,根据安装地点又分为户内式和户外式。支持绝缘子是根据电网额定电压和装置地点来选择的,并按短路时的动稳定进行校验。穿墙套管则是根据额定电压、装置地点和额定电流来选择的,并校验短路时的热稳定和动稳定。支持绝缘子和穿墙套管选择与校验项目见表5-12。

表 5-12　支持绝缘子和穿墙套管选择与校验项目

类　别	额定电压	额定电流	动稳定	热稳定
支持绝缘子	$U_N \geqslant U_{N.S}$	—	$0.6F_{al} \geqslant F$	—
穿墙套管	$U_N \geqslant U_{N.S}$	$I_N \geqslant I_{max}$	$0.6F_{al} \geqslant F$	$I_t^2 t \geqslant I_\infty^2 t_{ima}$

1）按电压选择支持绝缘子与穿墙套管

绝缘子能在超过其额定电压10%～15%的情况下可靠地工作，当户外环境有污染或冰雪时，3～20 kV户外式支持绝缘子与穿墙套管应该采用高一级电压的产品。

2）按长期工作电流选择穿墙套管

母线的最大长期工作电流 I_{max} 应小于或等于穿墙套管的额定电流 I_N。

当周围环境温度高于40 ℃，但不超过60 ℃时，套管的允许额定电流应按下式修正：

$$\sqrt{\frac{90-\theta}{90-40}} I_N > I_{max} \tag{5-31}$$

式中，θ 为周围实际环境温度，℃；90 为穿墙套管连接部件最高允许发热温度，℃。

3）支柱绝缘子和穿墙套管的动稳定校验

由于支柱绝缘子或穿墙套管具有支持和固定的作用，短路时作用在载流导体上的电动力也会传到支柱绝缘子或穿墙套管上，为保证它们在这种情况下不受损坏，应对其进行动稳定校验。按动稳定校验支柱绝缘子或穿墙套管时，应满足如下条件：

$$F \leqslant 0.6F_{al}$$

式中，F 为短路时支柱绝缘子帽或套管承受的最大电动力，N；F_{al} 为支柱绝缘子或套管的抗弯破坏外力载荷，可由设计或产品手册中查得；$0.6F_{al}$ 为其允许承受载荷。

短路时作用在绝缘子帽上的最大电动力为：

$$F = 1.73 K \frac{L}{a} i_{sh}^2 \times 10^{-7}$$

式中，a 为母线相间距离，m；L 为绝缘子间的跨距，m，当绝缘子两边跨距不相等时，取相邻两跨距的平均值；i_{sh} 为最大短路冲击电流，kA；K 为绝缘子受力折算系数。

由于绝缘子抗弯破坏负荷是作用在绝缘子帽上的，为了将作用在导体中轴线上的电动力转化为绝缘子帽上的计算作用力，需要引入绝缘子受力折算系数，其计算式为：

$$K = \frac{H}{H_1}$$

$$H = H_1 + b + \frac{h}{2}$$

式中，H 为从绝缘子底部到母线水平中心线的高度，mm；H_1 为绝缘子高度，mm；b 为母线下部至绝缘子帽的距离，矩形母线立放为18 mm，矩形母线平放和槽形母线为12 mm；h 为母线的总高度，mm。

对于1～2条母线平放时，$K \approx 1$。

对于悬式绝缘子，不需要校验动稳定。

短路时作用在穿墙套管上的最大电动力为：

$$F = 1.73 \times \frac{1}{2} \times \frac{L_1+L_2}{a} i_{sh}^2 \times 10^{-7} = 0.865 \times \frac{L_1+L_2}{a} i_{sh}^2 \times 10^{-7}$$

式中,L_1 为套管本身长度,m;L_2 为套管端部至最近一个支柱绝缘子间的距离,m。

5.6 限流电抗器的选择

电抗器除用来限制短路电流外,有时还用来保持一定的残压。限流电抗器的选择除考虑额定电压、额定电流、动稳定、热稳定外,还应确定电抗器的电抗百分数 $x_r\%$。限流电抗器选择与校验项目见表 5-13。

表 5-13 限流电抗器选择与校验项目

额定电压	额定电流	电抗百分数	动稳定	热稳定
$U_N \geqslant U_{N.S}$	$I_N \geqslant I_{max}$	$x_r\%$	$i_{sh} \leqslant i_{Nmax}$	$I_\infty^2 t_{ima} \leqslant I_t^2 t$

常用的电抗器有普通电抗器和分裂电抗器。普通电抗器电抗百分数的选择应满足以下各项要求:

(1) 要将短路电流限制在要求值(I'',S'')以内,为此所必需的电抗器的电抗百分数按下式计算:

$$x_r\% \geqslant \left(\frac{I_j}{I''} - x_\Sigma^*\right) \frac{I_N U_j}{U_N I_j} \times 100\% \quad (5-32)$$

式中,U_j 为基准电压,kV;I_j 为基准电流,kA;I'' 为电抗器后短路时超瞬态短路电流有效值;I_N 为电抗器额定电流,kA;U_N 为电抗器额定电压,kV;x_Σ^* 为以 U_j 和 I_j 为基准计算至所选用电抗器前的网络电抗标幺值。

(2) 正常运行时电压损失校验。普通电抗器在运行时,电抗器的电压损失不得大于母线额定电压的 5%,可按下式验算:

$$\Delta U\% \approx x_r\% \frac{I_{max}}{I_N} \sin\varphi \leqslant 5\% \quad (5-33)$$

式中,φ 为负荷功率因数角;I_{max} 为正常最大负荷电流,A。

(3) 母线残压校验。若出线电抗器未设速断保护,为减轻短路对其他用户的影响,当电抗器后短路时,要使母线剩余残压不低于电网电压额定值的 60%~70%,即

$$\Delta U_{re}\% = x_r\% \left(\frac{I_j}{I''}\right) > 60\% \sim 70\% \quad (5-34)$$

如果不满足,可设置快速保护或在线路正常运行电压允许范围内加大电抗。

5.7 导线和电缆的选择

架空导线是构成供配电网络的主要元件,户外配电装置也常采用架空导线作母线,又称软母线。最常用的架空导线是铝绞线,在机械强度要求较高和 35 kV 以上架空线路中多采用钢芯铝绞线。电缆的主要优点是供电可靠性高,不受雷击、风害等外力破坏;可埋于地下或电缆沟内,使环境整齐美观;线路电抗小,可提高电网功率因数。缺点是投资大,约为同级电压架空线路投资的 10 倍,且电缆线路一旦发生事故难于查寻和检修。架空导线和电缆应按满足长期工作允许温升、允许电压损失、机械强度和短路时热稳定等选择与校验,导线和

电缆不需校验短路时的动稳定,其选择与校验的基本项目见表 5-14。

表 5-14　架空导线和电缆的选择与校验项目

	额定电压	额定电流	电压损失	热稳定
导　线		$I_{al} \geqslant I_{max}$ $S_{ec} = \dfrac{I_{max}}{J_{ec}}$	$\Delta U\% \leqslant \Delta U_{al}\%$	$S \geqslant S_{min} = \dfrac{I_\infty}{C}\sqrt{t_{ima} K_{jf}}$
电　缆	$U_N \geqslant U_{max}$	$I_{al} \geqslant I_{max}$ $S_{ec} = \dfrac{I_{max}}{J_{ec}}$	$\Delta U\% \leqslant \Delta U_{al}\%$	$S \geqslant S_{min} = \dfrac{I_\infty}{C}\sqrt{t_{ima} K_{jf}}$

5.7.1　按结构类型选择电缆

根据电缆的用途、电缆敷设的方法和场所,选择电缆的芯数、芯线的材料、绝缘的种类、保护层的结构以及电缆的其他特征,最后确定电缆的型号。

5.7.2　按电压选择电缆

正确地选择电缆的额定电压值是确保长期安全运行的关键之一。电力电缆的额定电压应满足:

$$U_N \geqslant U_{max} \tag{5-35}$$

式中,U_N 为电力电缆的额定电压,kV;U_{max} 为网络的最大工作电压,kV。

5.7.3　导线、电缆截面的选择

导体截面可以按长期发热允许电流或经济电流密度选择,除配电装置的汇流母线外,对于年最大负荷利用小时数大、传输容量大、长度在 20 km 以上的导体,其截面一般按经济电流密度选择。

1) 按长期工作电流选择导线、电缆截面

为保证导线、电缆的实际工作温度不超过允许值,按敷设方式、环境条件确定的导体载流量应不小于线路的计算电流,即

$$I_{al} \geqslant I_{max} \tag{5-36}$$

式中,I_{max} 为电路最大工作电流,即线路的计算电流,A;I_{al} 为在规定的条件下,电缆允许的长期工作电流,A。

对于电缆线路,电缆的允许长期工作电流 I_{al} 是根据电缆的长期允许发热温度(如 10 kV 油浸绝缘电缆为 60 ℃)和周围介质的计算温度(敷设在空气中时为 25 ℃,埋在地下时为 15 ℃)确定的。当周围介质温度不是 25 ℃ 或 15 ℃ 时,要乘以温度校正系数 K_θ;当电缆为空中多根并列敷设时,要乘以系数 K_1;当电缆穿管敷设或直埋敷设而土壤热阻率不同时,要乘以系数 K_2。

定义 K 为与敷设方式和环境温度有关的修正系数,当电缆敷设条件异于规定条件时,电缆允许长期工作电流的校正系数按下式计算:

$$K = K_\theta K_1 K_2 \tag{5-37}$$

各种型号电力电缆允许的长期工作电流以及电缆允许电流的校正系数可从有关资料

查得。

2) 按经济电流密度选择导线、电缆截面

为使经济寿命期内的线路损耗总费用最小,经济截面可由下式决定:

$$S_{ec} = \frac{I_{max}}{J_{ec}} \tag{5-38}$$

式中,J_{ec} 为经济电流密度(见表 5-11)。

必须指出,按经济电流密度选择导体的截面,还须按正常工作的最大长期工作电流校验其发热温度。

5.7.4 按机械强度校验导线截面

对于架空导线和绝缘导线,所选择的截面 S 应不小于某一最小截面,以保证导体具有足够的机械强度。各种材料架空导线的最小截面列于表 5-15 中。

表 5-15 架空导线的最小截面

架空线路电压等级	钢芯导线/mm²	铝及铝合金/mm²	铜/mm²
35 kV	25	35	—
6~10 kV	25	35(居民区) 25(非居民区)	16
1 kV 以下	16	16	3.2

根据运行实际情况,对用于不同条件下的导体,选择条件各有侧重。例如,对于 1 kV 以下的低压线路,一般不按经济电流密度选择导体截面;对于 6~10 kV 线路,因电力线路不长,如果按经济电流密度选择截面,往往偏大,所以仅作为参考数据;对于 35 kV 及以上线路,应按经济电流密度选择截面。又如,当一般工厂外部电源线路较长时,可按允许电压损失条件选择截面,并按发热和机械强度的条件校验;对工厂内部 6~10 kV 线路,因线路不长,一般按发热条件选择,然后按其他条件校验;对于 380 V 低压线路,虽然线路不长,但电流较大,在按发热条件选择的同时,还应按允许电压损失条件进行校验。

5.7.5 导线、电缆线路的电压损失校验

一个有 n 个支路负荷的树干式线路的电压损失百分数为:

$$\Delta U\% = \frac{1}{10U_N^2}\left(r_1\sum_{i=1}^{n}P_i l_i + x_1\sum_{i=1}^{n}Q_i l_i\right)\% \tag{5-39}$$

式中,$\Delta U\%$、U_N 分别为线路电压损失百分数和系统额定电压,kV;P_i 为通过各段线路的有功功率负荷,kW;Q_i 为通过各段线路的无功功率负荷,kvar;r_1、x_1 分别为线路单位长度的电阻和电抗,Ω/km;l_i 为各段线路的长度,km。

1) 按电压损失校验导线、电缆截面

各种型号的铜铝导线的单位电阻、电抗值可查阅有关资料;电缆由于芯线导体间距离很小,故其电抗值也很小,通常由制造厂给出,若缺乏数据,可采用下列数值。

1 kV 电力电缆,$x_1 = 0.06\ \Omega$/km;

6~10 kV 电力电缆,$x_1 = 0.08\ \Omega$/km;

35 kV 电力电缆，$x_1=0.12\ \Omega/\text{km}$。

电力电缆的电压损失应保证用电设备端子处的电压偏差不超过规范允许值；由总降压变电所至车间变电所的高压配电线路的电压损失不宜超过 5%；民用建筑中由变压器低压母线配出的电力干线至电力配电箱处的电压损失不宜超过 2%；照明干线不宜超出 1%，外线路不宜超过 2.5%，照明分支不宜超过 2%。

2) 按电压损失选择导线、电缆截面

温度为 25 ℃时，对导线和电缆的各种截面，单位长度的交流电阻 r_1 可按下式计算：

$$r_1 = \frac{\rho}{S}\ (\Omega/\text{km}) \tag{5-40}$$

式中，ρ 为材料的计算电阻系数，铜为 $18.87\ \Omega\cdot\text{mm}^2/\text{km}$，铝为 $31.2\ \Omega\cdot\text{mm}^2/\text{km}$；$S$ 为导线、电缆的标准截面积，mm^2。

首先确定允许电压损失百分数 $\Delta U_{al}\%$，然后按下式计算出由导线电抗产生的电压损失：

$$\Delta U_r\% = \frac{x_1}{10 U_N^2} \sum_{i=1}^{n} Q_i l_i \tag{5-41}$$

式中，x_1 为单位长度导线的电抗值，Ω/km，一般架空线路可先假定 $x_1=0.4\ \Omega/\text{km}$；$\sum_{i=1}^{n} Q_i l_i$ 为各段干线通过的无功功率(kvar)与本段干线长度(km)的乘积；U_N 为线路额定电压，kV。

线路导线电阻允许产生的电压损失百分数为：

$$\Delta U_a\% = \Delta U_{al}\% - \Delta U_r\%$$

而

$$\Delta U_a = \Delta U_a\% \times U_N \times 1\,000 = \frac{r_1 \sum_{i=1}^{n} P_i l_i}{U_N} = \frac{\sum_{i=1}^{n} P_i l_i}{\gamma S U_N}\ (\text{V}) \tag{5-42}$$

由此可求出所需导线或电缆的截面为：

$$S = \frac{\sum_{i=1}^{n} P_i l_i}{\gamma \Delta U_a}\ (\text{mm}^2) \tag{5-43}$$

式中，γ 为导体材料的导电系数；$\sum_{i=1}^{n} P_i l_i$ 为各段干线上通过的有功功率(kW)与本段干线长度(km)的乘积。

计算出导体截面后，可查相应的表得到导线的型号和标准截面以及允许载流量。选好导体截面后，如果要计算线路实际的电压损失，则可根据线路导线的几何均距查出实际的 r_1 和 x_1，再按式(5-39)算出实际电压损失。

5.8 低压开关电器的选择

低压开关电器用来接通或断开 1 000 V 以下的交流和直流电路。通常使用的有低压熔断器、低压刀开关、低压自动空气开关、接触器和低压配电屏等。

低压电气设备的选择与高压电气设备的选择一样，也要满足安全可靠、运行维护方便和投资经济合理等要求。低压电气设备选择与校验项目见表 5-16，不仅要满足正常工作的要求,还要满足短路条件下工作的要求。

表 5-16 低压电气设备选择与校验项目

电气设备名称	电压/kV	电流/A	断流能力	短路电流校验	
				动稳定	热稳定
低压熔断器	√	√	√	—	—
低压刀开关	√	√	√	○	○
低压自动空气开关	√	√	√	—	—
母 线	—	√	—	○	○
支持绝缘子	√	—	—	○	—
套管绝缘子	√	√	—	○	—
电压互感器	√	—	—	—	—
电流互感器	√	√	—	√	√
电 缆	√	√	—	—	√

注:① 表中"√"表示必须校验项目;"○"表示 35 kV 以下的供电系统可不校验;"—"表示不校验。
② 表中的母线和支持绝缘子、套管绝缘子校验项目,不只适用于低压,也适用于高压。

5.8.1 低压自动空气开关

低压断路器在电路中除起控制作用外,还具有一定的保护功能,如过负荷、短路、欠压和漏电保护等,又称低压自动空气开关。低压断路器可以手动直接操作和电动操作,也可以远程遥控操作。

低压断路器的分类方式很多,按使用类别分,有选择型(保护装置参数可调)和非选择型(保护装置参数不可调);按结构型式分,有万能式(又称框架式)和塑壳式;按灭弧介质分,有空气式和真空式(目前国产多为空气式);按操作方式分,有手动操作、电动操作和弹簧储能机械操作;按极数分,可分为单极、二极、三极和四极式;按安装方式分,有固定式、插入式、抽屉式和嵌入式等。

低压断路器广泛应用于低压配电系统各级馈出线,以及各种机械设备的电源控制和用电终端的控制与保护。当额定电流在 600 A 以下,且短路电流不大时,可选用塑壳式断路器;当额定电流较大,短路电流也较大时,应选用万能式断路器。

1) 低压断路器的正常选择条件和开断能力校验

低压自动空气开关按正常工作条件和短路时断流能力校验,同高压断路器一样,一般选用原则为:

(1) 断路器额定电流 $I_N \geqslant$ 线路负载最大工作电流 I_{max} 或计算电流 I_c;
(2) 断路器额定电压 $U_N \geqslant$ 电源和负载的额定电压 $U_{N.S}$;
(3) 断路器脱扣器额定电流 $I_{N.d} \geqslant$ 负载最大工作电流 I_{max} 或计算电流 I_c;
(4) 断路器极限通断能力 $I_{N.b} \geqslant$ 电路最大次暂态短路电流 I'';
(5) 线路末端单相对地短路电流 $I_k^{(1)}$/断路器瞬时(或短时)脱扣器整定电流 $I_{op.0} \geqslant$ 1.25 A;

(6) 断路器欠电压脱扣器额定电压 U_N＝电源和负载的额定电压 $U_{N.S}$。

2) 自动空气开关脱扣器的整定电流计算

各种脱扣器的额定电流，需要根据整定的计算结果，并考虑各种保护间的相互配合或上下级开关之间的相互配合，才能正确选定。

（1）保护短路故障的瞬时过电流脱扣器的整定。

按躲过电路中尖峰电流 I_{pk} 的原则来整定电流，即

$$I_{op.0} \geq K_{rel} I_{pk} \tag{5-44}$$

式中，$I_{op.0}$ 为瞬时过电流脱扣器的整定电流，A，其值应在脱扣器规定的整定电流倍数调节范围之内；I_{pk} 为配电线路中的尖峰电流，A；K_{rel} 为计入计算误差、整定调节误差、非周期分量影响等的可靠系数，对动作时间≥0.02 s 的低压自动空气开关（如 DW 型、ME 型）取 K_{rel}＝1.3～1.35，对于动作时间＜0.02 s 的低压自动空气开关（如 DZ 系列、H 系列）取 K_{rel}＝1.7，对于照明用的低压自动空气开关取 K_{rel}＝6。

考虑上、下级低压自动空气开关的整定配合，按下式进行：

$$I_{op.0} \geq K_{rel} I'_{op.0} \tag{5-45}$$

式中，$I'_{op.0}$ 为下一级低压自动空气开关中最大的瞬时过电流脱扣器的整定电流，A；K_{rel} 为满足上下级间选择性要求的可靠系数，一般可取 1.2。

瞬时过电流脱扣器的额定电流 $I_{N.d}$ 应尽量接近但不小于被保护回路的负荷计算电流 I_c。

瞬时过电流保护分别校验在最小运行方式下发生两相短路或单相短路时应有的足够的灵敏度，应同时满足式(5-46)及式(5-47)的要求：

$$\frac{I^{(2)}_{k.min}}{I_{op.0}} \geq K^{(2)}_s \tag{5-46}$$

$$\frac{I^{(1)}_{k.min}}{I_{op.0}} \geq K^{(1)}_s \tag{5-47}$$

式中，$I^{(2)}_{k.min}$ 和 $I^{(1)}_{k.min}$ 为配电线路末端发生最小运行方式的两相短路或单相短路时的短路电流，A；$K^{(2)}_s$ 为校验两相短路的灵敏系数，可取 2；$K^{(1)}_s$ 为校验单相短路的灵敏系数，对装于防爆车间的低压自动空气开关取 2，对一般低压自动空气开关取 1.5～2。

（2）保护短路故障的短延时过电流脱扣器的整定。

按躲过电路中短时间出现的尖峰电流来整定，满足各级间选择性要求则采用短延时时限配合来达到，即

$$I_{op.s} \geq K_{rel} I_{pk} \tag{5-48}$$

式中，$I_{op.s}$ 为短延时过电流脱扣器的整定电流，A，短延时过电流脱扣器的整定电流及整定时间见表 5-17；K_{rel} 为短延时可靠系数，取 1.2。

表 5-17 短延时过电流脱扣器的整定电流及整定时间

低压自动空气开关型号	短延时脱扣器类型	整定电流调节范围	动作时间调节范围
DW94	机械式	$(2.5\sim4.5)I_{N.d}$，共 1 种	0.2 s～0.4 s～0.6 s，分 3 挡
H 系列(DZC)	机械式	$(3\sim8)I_{N.d}$，共 1 种	0.1 s～1 s，连续可调
DW15	机械式	$(8\sim12)I_{N.d}$，共 1 种	0.5 s～1 s～3 s～5 s，分 4 挡

续表

低压自动空气开关型号	短延时脱扣器类型	整定电流调节范围	动作时间调节范围
ME(Z)	机械式	3～4 kA,共 4 种任选	5～500 ms,连续可调
	电气式	5～8 kA,共 2 种任选 7～12 kA,共 2 种任选	60～300 ms,分 5 挡
	半导体式	8～16 kA,共 4 种任选	30～270 ms,分 9 挡

短延时过电流脱扣器的时间整定:

$$t_s = t'_s + \Delta t \tag{5-49}$$

式中,t_s 和 t'_s 为分别为上级、下级短延时过电流脱扣器动作时间,s;Δt 为时间阶段,对 DW 及 DZ 型取 $\Delta t = 0.2$ s,对 ME 型取 $\Delta t = 120$ ms。

短延时过电流脱扣器保护的灵敏度校验:短延时过电流保护应满足 $I_{op.s}$ 不超过最小短路电流计算值 80% 的条件,以保证低压自动空气开关的可靠动作。为此有:

$$\frac{I_{k.\min}^{(2)}}{I_{op.s}} \geq 1.25 \tag{5-50}$$

(3) 保护过载的热脱扣器或长延时过电流脱扣器的整定。

按躲过最大工作电流 $I_{\max}$ 或计算电流 I_c 来整定。当过负荷 1.1 倍计算电流时,应保证保护装置在 2 h 内不动作,即应满足:

$$I_{op.tr} \geq K_{rel} I_c \tag{5-51}$$

式中 $I_{op.tr}$ 为热脱扣器或长延时过电流脱扣器的整定电流,A;K_{rel} 为长延时可靠系数,取 1.1。

热脱扣器元件的额定电流 $I_{N.tr}$ 与热脱扣器的整定电流 $I_{op.tr}$ 应按下式的配合进行选择:

$$I_{op.tr} = (0.8 \sim 1.0) I_{N.tr} \tag{5-52}$$

3) 过电流脱扣器与导线允许载流量的配合

为了使配电线路在长期过负荷或发生短路时不至于使导线熔断,或因过热使敷设在易燃或难燃建筑物中的线路及有延燃性外保护层的绝缘导线引起燃烧,低压自动空气开关应能可靠地保护线路避免发生事故而引起火灾,即应使过电流脱扣器的整定电流与导线或电缆的允许持续载流量(经过校正)相配合。

(1) 为防止引起火灾,规程规定线路允许载流量 I_{al} 不应小于过热电流脱扣器整定电流 $I_{op.tr}$ 的 1.25 倍,否则应加大所选导线的截面,即

$$\frac{I_{op.tr}}{I_{al}} \leq 0.8 \tag{5-53}$$

(2) 为了防止短路时发生穿管导线被熔断而带来检修的困难,瞬时过电流脱扣器的整定电流不能超过绝缘导体允许载流量的某个倍数。此倍数与导线的型号及截面均有关,因此规程未明确规定,以下数值可供参考:

$$\frac{I_{op.0}}{I_{al}} \leq 4.5 \sim 7.2 \tag{5-54}$$

5.8.2 低压熔断器

低压熔断器的品种繁多,共有五大系列,即 RM 系列、RTO 系列、RL 系列、RS 系列、RC

系列,可按照使用环境和运行要求进行型式的选择。选择低压熔断器除考虑额定电压外,主要选出熔体额定电流 $I_{N.r}$ 和熔管额定电流 I_N。

1) 熔体额定电流的选择

(1) 对于保护配电线路、配电干线、分支线的熔断器,熔体额定电流 $I_{N.r}$ 的确定应同时满足:

① $I_{N.r}$ 应大于或等于回路的计算负荷电流 I_c;

② $I_{N.r}$ 应大于该回路导线或电缆的长期允许负荷电流 I_{al}。

可由式(5-55)来表示:

$$I_{N.r} \geqslant K_a I_{al} \tag{5-55}$$

式中,K_a 是安全系数,当保护线路过负荷时取 $K_a=0.8$,保护明敷绝缘导线短路时取 $K_a=1.5$,保护穿管线路短路时取 $K_a=2.5$。

式(5-55)说明,在既定导线截面下,$I_{N.r}$ 不能选得太大,否则可能因线路长期(2 h 以上)过载发热或短路故障而使热稳定性不够,从而引起火灾。

(2) 对于保护用电设备的熔断器,$I_{N.r}$ 应同时满足:

① 在正常情况下,熔体的额定电流 $I_{N.r}$ 应大于该回路的工作电流 I_{max},小于或等于熔断器的额定电流 I_N:

$$I_N \geqslant I_{N.r} \geqslant I_{max} \tag{5-56}$$

式中,I_{max} 为按额定功率及额定功率因数求出的最大工作电流,A,$I_{max} \geqslant I_c$。

② 在起动情况下,熔体的额定电流 $I_{N.r}$ 应能躲过短时尖峰电流 I_{pk}:

$$I_{N.r} \geqslant \frac{I_{pk}}{a} = K_r I_{pk} = K_r [I_{rM1} + I_{c(n-1)}] \tag{5-57}$$

式中,I_{pk} 为单台或多台用电设备的尖峰电流,A;I_{rM1} 为线路中起动电流最大的一台电机的额定电流,A;$I_{c(n-1)}$ 为除起动电流最大的一台电动机以外的线路计算电流,A;a 为熔体躲过尖峰电流的安全系数,与设备性质、起动状况、熔体特性有关;K_r 是 a 的倒数,称为选择计算系数,其值参见表 5-18。对于电弧炉或电焊变压器类,取 $K_r=1.1$。

表 5-18 电力线路熔体选择计算系数 K_r

$I_{rM1}/I_{c(n-1)}$	≤0.25	0.25~0.4	0.4~0.6	0.6~0.8
K_r	1.0	1.0~1.1	1.1~1.2	1.2~1.3

(3) 对保护照明线路的熔断器,熔体额定电流 $I_{N.r}$ 应满足:

$$K_a I_{al} \geqslant I_{N.r} \geqslant K_r' I_c \tag{5-58}$$

式中,选择计算系数 K_r' 的值参见表 5-19。

表 5-19 照明线路熔体选择计算系数 K_r'

熔断器型号	熔体材料	$I_{N.r}$/A	白炽灯、荧光灯、卤钨灯、金属卤化物灯	高压水银灯	高压钠灯
RL$_1$	铜、银	≤60	1.1	1.3~1.7	1.5
RC$_1$A	铅、铜	≤60	1.1	1~1.5	1.1

2) 熔断器(熔管)额定电流的选择

按熔体的额定电流 $I_{N.r}$ 选择配合可确定熔断器的额定电流 I_N，要求熔断器额定电流大于等于熔体的额定电流。为了保证动作的选择性，一般要求上级熔体电流应不小于下级熔体电流的 1.6 倍，或大于其 2~3 个电流级差。

3) 额定分断能力的选择

熔断器额定分断能力应大于线路中可能产生的最大短路电流。制造厂提供的低压熔断器的最大开断电流 $I_{N.b}$ 用"极限分断能力"来表示，并且采用交流电流周期分量有效值，因此为了简化校验，也可按被保护回路的三相短路电流 $I_k^{(3)}$ 来校验熔断器的分断能力：

$$I_{N.b} \geqslant I_k^{(3)} \tag{5-59}$$

5.9 高低压开关柜的选择

成套配电装置是将同一回路的开关电器、互感器、测量仪表、保护电器和辅助设备都装配在一个(或两个)全封闭或半封闭的金属柜中，制造厂生产有各种不同电路的开关柜和元件，设计时，可按照主接线选择各种电路的开关柜或元件，组成整个配电装置。

成套配电装置可分成三类：① 低压成套配电装置；② 高压成套配电装置(俗称高压开关柜)；③ SF_6 全封闭组合电器。

我国目前生产的 3~35 kV 高压开关柜多数为金属封闭式高压开关柜，金属封闭式高压开关柜又分为铠装式、间隔式和箱式三种类型。金属封闭式高压开关柜采用空气和瓷(或塑料)绝缘子作绝缘材料并选用普通常用电器组成。从结构形式上分，有固定式和手车式两种；按安装地点，可分为户内式和户外式两种，由于户外有防水、防锈蚀等问题，故目前大量使用的是户内式高压开关柜；从维护要求又分为靠墙或不靠墙安装、单面或双面维护等类型。

手车式高压开关柜造价虽高，但灵活性好，适用于大型变电站或可靠性要求较高的变电所或配电所，常用的有 GFC-3，GFC-10，GWC-3 等型号。柜中配备电器可按不同用途组成不同线路方案编号供选用。

固定式高压开关柜常用的有 GG-1A，GG-7，GG-10 等型号，前者外形尺寸大，占用空间多，现在正逐步淘汰，由后两者取代。固定式高压开关柜因造价低、检修方便，得到了广泛应用。

选择高压开关柜时，可根据环境特点和运行要求选择型号，根据电气主接线情况选择线路方案编号，并用短路数据进行校验。由于开关柜在生产过程中已作了配套设计，故断路器能满足断流容量要求时，其他元件不必再逐项校验。

各类开关柜的一次线路方案，读者可参考有关设计手册或产品样本。对于频繁接通或经常发生短路的电路，要选用带有真空断路器、SF_6 断路器的开关柜。

第6章 配电系统继电保护的配置与设计

配电系统中的电力设备和线路应装设短路和其他异常运行的继电保护装置。短路保护应有主保护和后备保护,必要时可增设辅助保护。继电保护应满足可靠性、选择性、灵敏性和速动性四项基本要求。

6.1 线路保护

供配电线路的常见短路故障或异常运行方式及保护配置原则见表6-1。

表6-1 线路的常见短路故障或异常运行方式及保护配置原则

常见故障或异常运行方式		保护配置	配置要求
相间短路		三段式过电流保护(Ⅰ段、Ⅱ段、Ⅲ段保护)	自重要变/配电所引出的线路装设。电流速断保护应保证切除所有使母线残压低于60%额定电压的短路。必要时可无选择性动作,以自动装置补救;当过电流保护的时限不大于0.5～0.7 s,且没有保护配合上的要求时,可不装设电流速断保护;当无时限电流速断保护不能满足灵敏性或选择性要求时,可装设带时限电流速断保护
		方向电流三段保护	两端供电线路
		距离保护	对于35 kV及以上的结构复杂、运行方式变化较大的高压电网,特别是在线路的阻抗值较大、短路电流较小而负荷电流较大的情况下,电流保护很难满足要求,配置距离保护比电流、电压保护的灵敏度高、选择性好
单相接地	中性点不接地线路	单相接地监视装置	10(6) kV车间变电所可不装设
		单相接地保护(零序电流保护)	出线较少的10(6) kV变/配电所可不装设
	中性点经消弧线圈接地线路	微机小电流接地选线装置	对35 kV总降压变电所或重要配电所应装设,出线较少的10(6) kV变/配电所可不装设

续表

常见故障或异常运行方式		保护配置	配置要求
单相接地	中性点经低电阻接地线路	短时限零序电流速断保护	35 kV 总降压变电所或重要配电所的 10(6) kV 出线,采用变电所的接地变压器作为零序电流保护总后备,配置定时限零序电流保护
		带时限零序过电流保护	
		零序过电流速断保护	对于 10(6) kV 车间变电所以及出线较少的 10(6) kV 配电所,可只在电源进线上装设
	中性点直接接地	三段式零序电流保护（Ⅰ段、Ⅱ段、Ⅲ段保护）	对于 110 kV 及以上系统装设
过负荷		过负荷保护	仅对可能时常出现过负荷的电缆线路装设

线路的部分保护整定计算见表 6-2。

表 6-2　线路的部分保护整定计算

保护名称	计算项目和公式	符号说明
过电流保护（Ⅲ段保护）	保护装置的动作电流(应躲过线路正常运行时的最大电流,例如电机自起动电流): $$I_{op.K} = K_{rel} K_w \frac{K_{st} I_{max}}{K_{re} K_i} \text{ (A)}$$ 保护装置的灵敏系数(按最小运行方式下线路末端两相短路电流校验): $$K_s = \frac{I^{(2)}_{k2.min}}{I_{op}} \geq 1.5$$ 保护装置的动作时限(应较相邻元件的过电流保护大一时限阶段)一般为 0.5~0.7 s	K_{rel}—可靠系数,用于过电流保护时,DL（电磁）型和 GL（感应）型继电器分别取 1.2 和 1.3,用于电流速断保护时分别取 1.2 和 1.5,用于单相接地保护时,无时限取 1.5~2; K_w—接线系数,即流过继电器的电流和电流互感器二次侧电流之比,接于相电流时取 1,接于相电流差时取 $\sqrt{3}$; K_{st}—电机的自起动电流倍数,其数值由负荷实际情况决定,一般取 1.5~3; K_{re}—继电器返回系数,一般取 0.85; K_i—电流互感器变比; I_{max}—线路正常运行时的最大电流,A; $I^{(2)}_{k2.min}$—最小运行方式下线路末端两相短路稳态电流,A;
无时限电流速断保护（Ⅰ段保护）	保护装置的动作电流(应躲过线路末端短路时的最大三相短路电流): $$I_{op.K} = K_{rel} K_w \frac{I''^{(3)}_{k2.max}}{K_i} \text{ (A)}$$ 保护装置的灵敏系数(按最小运行方式下线路始端两相短路电流校验): $$K_s = \frac{I''^{(2)}_{k1.min}}{I_{op}} \geq 2$$	

续表

保护名称	计算项目和公式	符号说明
带时限电流速断保护（Ⅱ段保护）	保护装置的动作电流（应躲过相邻元件末端短路时的最大三相短路电流，或与相邻元件的电流速断保护的动作电流相配合，按两个条件中较大者整定）： $$I_{op.K} = K_{rel} K_w \frac{I''^{(3)}_{k3.max}}{K_i} \ (A)$$ 或 $$I_{op.K} = K_{co} K_w \frac{I_{op.3}}{K_i} \ (A)$$ 保护装置的灵敏系数与无时限电流速断保护相同。 保护装置的动作时限（应较相邻元件的电流速断保护大一个时限阶段）一般为 0.5～0.7 s	
中性点不接地系统单相接地保护	保护装置的一次侧动作电流（按躲过被保护线路外部单相接地故障时，从被保护元件流出的电容电流及按最小灵敏系数 1.25 整定）： $$I_{op} \geqslant K_{rel} I_{cx} \ (A)$$ 和 $$I_{op} \leqslant \frac{I_{c\Sigma} - I_{cx}}{1.25} \ (A)$$	I_{op}—保护装置一次侧动作电流，A； $$I_{op} = I_{op.K} \frac{K_i}{K_w}$$ $I''^{(3)}_{k2.max}$—最大运行方式下线路末端三相短路超瞬变电流，A； $I''^{(2)}_{k1.min}$—最小运行方式下线路始端两相短路超瞬变电流，A； $I''^{(3)}_{k3.max}$—最大运行方式下相邻元件末端三相短路稳态电流，A； K_{co}—配合系数，取 1.1； $I_{op.3}$—相邻元件的电流速断保护的一次侧动作电流，A； $I''^{(3)}_{k.max}$—最大运行方式下相邻元件末端三相短路超瞬态电流，A； $I_{c\Sigma}$—电网的总单相接地电容电流，A； I_{cx}—被保护线路外部发生单相接地故障时，从被保护元件流出的电容电流，A； $I_{0.max}$—下一条线路出口处单相或两相短路时可能出现的最大零序电流，A； $I_{0.bt}$—断路器三相触头不同期合闸时所出现的最大零序电流，A； K_{ob}—在相邻线路的零序保护范围末端发生接地短路时，故障线路中零序电流与流过本保护装置中零序电流之比； $I_{unb.max}$—最大不平衡电流，A
中性点接地系统单相接地保护	Ⅰ段保护装置的一次侧动作电流（应躲过下一条线路出口处单相或两相接地短路时可能出现的最大零序电流，躲过断路器三相触头不同期合闸时所出现的最大零序电流，灵敏系数的校验同电流保护）： $$I_{op} = 3 K_{rel} I_{0.max} \ (A)$$ $$I_{op} = 3 K_{rel} I_{0.bt} \ (A)$$ Ⅱ段保护装置的一次侧动作电流（应与下一级线路的Ⅰ段整定值配合，灵敏系数应按照本线路末端接地短路时的最小零序电流来校验）： $$I_{op} = \frac{K_{rel}}{K_{ob}} I_{op3} \ (A)$$ $$K_s \geqslant 1.5$$ Ⅲ段保护装置的一次侧动作电流（按照躲过在下一条线路相间短路时所出现的最大不平衡电流来整定，同时还需考虑各保护之间在灵敏系数上要相互配合，就是本线路零序Ⅲ段的保护范围不能超出相邻线路上零序Ⅲ段的保护范围）： $$I_{op} = K_{rel} I_{unb.max} \ (A)$$ $$I_{op} = \frac{K_{rel}}{K_{ob}} I_{op3} \ (A)$$	

6.2 变压器保护

变压器的短路故障包括油箱外的高低压接线的短路和油箱内绕组的短路。因此,变压器的保护通常采用电流速断保护、差动保护、过电流保护等。为了从侧面尽早发现故障,增加保护的可靠性,还有一些非电量保护,如瓦斯保护、温度保护等。

电力变压器的继电保护配置与变压器容量、类型及使用特点有关。变压器常见故障和保护配置原则见表6-3。

表6-3 变压器的常见故障和保护配置原则

序号	常见故障或异常运行方式	保护装置	配置要求
1	绕组及引出线的相间短路和绕组匝间短路	电流速断保护或纵联差动保护	5 000 kV·A 及以下变压器,当过电流保护动作时限大于 0.5 s 时,应装设电流速断保护; 6 300~8 000 kV·A 单独运行的变压器或负荷不太重要的变压器,可装设电流速断保护; 2 000~8 000 kV·A 变压器,当电流速断保护不能满足灵敏性要求时,装设纵联差动保护; 10 000 kV·A 及以上变压器、6 300~8 000 kV·A 及以上并联运行的变压器或单独运行的重要变压器,装设纵联差动保护
2	外部相间短路引起的过电流	带时限过电流保护	降压变压器高压侧采用断路器时装设; 当带时限的过电流保护不能满足灵敏性要求时,应采用低电压闭锁的带时限过电流保护
3	低压侧的单相接地	低压侧单相接地保护	对 Y,yn0 连接组别变压器,利用低压侧总断路器作单相接地保护或装设变压器低压侧中性线上的零序过电流保护; 对 D,yn11 连接组别变压器,一般可利用高压侧的三相式过电流保护兼作单相接地保护
4	过负荷	过负荷保护	400 kV·A 及以上并联运行的变压器装设,作为其他变压器备用电源的变压器根据过负荷的可能装设; 变压器二次侧电压为低压时,宜利用其低压侧总断路器作过负荷保护
5	变压器内部故障或油面降低	瓦斯保护（压力保护）	800 kV·A 及以上的油浸式变压器和 315 kV·A 及以上的车间内油浸式变压器装设(全密封油浸式变压器装设压力保护); 35 kV 油浸式变压器有载调压开关油箱也应装设
6	温度升高或冷却系统故障	温度保护	干式变压器装设; 1 000 kV·A 及以上的油浸式变压器装设

注:在油浸式变压器容量不大于 630 kV·A 及干式变压器容量不大于 1 250 kV·A 时,可采用限流型熔断器作为相间短路保护,并利用低压侧总断路器作单相接地保护和过负荷保护。此时不需装设电流速断保护和过电流保护。

电力变压器的各种继电保护整定计算见表6-4。目前 35 kV 变压器差动保护多采用微机差动保护。电力变压器低压侧短路时流过高压侧的最大一相电流值见表6-5。

表 6-4 变压器的部分保护整定计算

保护名称	计算项目和公式	符号说明
过电流保护	保护装置的动作电流（应躲过可能出现的最大负荷电流）： $$I_{op.K} = K_{rel} K_w \frac{(1.5 \sim 3) I_{N1.T}}{K_{re} K_i} \text{ (A)}$$ 保护装置的灵敏系数（按系统最小运行方式下低压侧两相短路时流过高压侧即保护安装处的短路电流校验）： $$K_m = \frac{I_{k2.min}^{(2)}}{I_{op}} \geqslant 1.5$$ 保护装置的动作时限（应与下一级保护动作时限相配合）一般为 0.5～0.7 s	K_{rel}—可靠系数，用于过电流保护时，DL（电磁）型和 GL（感应）型继电器分别取 1.2 和 1.3，用于电流速断保护时分别取 1.3 和 1.5，用于低压侧单相接地保护（在变压器中性线上装设的）时取 1.2； K_w—接线系数，即流过继电器的电流和电流互感器二次侧电流之比，接于相电流时取 1，接于相电流差时取 $\sqrt{3}$； K_{re}—继电器返回系数，动作电流取 0.85，动作电压取 1.15； K_i—电流互感器变比； $I_{N1.T}$—变压器一次侧额定电流，A； $I_{k2.min}^{(2)}$—最小运行方式下变压器低压侧两相短路时，流过高压侧（保护安装处）的稳态电流，A； I_{op}—保护装置一次侧动作电流，A； $$I_{op} = I_{op.K} \frac{K_i}{K_w}$$ $I_{op.K}$—流经继电器的动作电流，A； $I_{k2.max}''^{(3)}$—最大运行方式下变压器低压侧三相短路时，流过高压侧（保护安装处）的次暂态电流，A； $I_{k1.min}''^{(2)}$—最小运行方式下高压侧（保护安装处）两相短路的次暂态电流，A； $I_{k2.min}^{(1)}$—最小运行方式下变压器低压侧母线或母干线末端单相接地短路时，流过高压侧（保护安装处）的稳态电流，A； K_{co}—配合系数，取 1.1； $I_{op.b}$—低压分支线上零序保护动作电流，A； $I_{k22.min}^{(1)}$—最小运行方式下变压器低压侧母线或母干线末端单相接地短路稳态电流，A；
电流速断保护	保护装置的动作电流（应躲过低压侧三相短路时流过保护装置的最大短路电流）： $$I_{op.K} = K_{rel} K_w \frac{I_{k2.max}''^{(3)}}{K_i} \text{ (A)}$$ 保护装置的灵敏系数（按系统最小运行方式下保护装置安装处两相短路电流校验）： $$K_s = \frac{I_{k1.min}''^{(2)}}{I_{op}} \geqslant 1.5 \sim 2$$	
高压侧单相接地保护（利用高压侧三相过电流保护）	保护装置的动作电流和动作时限同过电流保护； 保护装置的灵敏系数（按最小运行方式下低压侧母线或母干线末端单相接地时流过高压侧保护安装处的短路电流校验）： $$K_s = \frac{I_{k2.min}^{(1)}}{K_i I_{op.K}} \geqslant 1.5$$	
低压侧单相接地保护（采用在低压侧中性线上装设专用的零序保护）	保护装置的动作电流（应躲过正常运行时变压器中性线上流过的最大不平衡电流，其值按国家标准《电力变压器》规定，不超过额定电流的 25%）： $$I_{op.K} = K_{rel} \frac{0.25 I_{N1.T}}{K_i} \text{ (A)}$$ 保护装置的动作电流尚应与低压出线上的零序保护相配合： $$I_{op.K} = K_{co} \frac{I_{op.b}}{K_i} \text{ (A)}$$ 保护装置的灵敏系数（按最小运行方式下低压侧母线或母干线末端单相接地短路电流校验）： $$K_s = \frac{I_{k22.min}^{(1)}}{K_i I_{op.K}} \geqslant 2$$ 保护装置的动作时限一般取 0.5 s	

续表

保护名称	计算项目和公式	符号说明
过负荷保护	保护装置的动作电流(按躲过变压器额定电流整定): $I_{op.K} = \dfrac{K_{rel}}{K_{re}K_i} I_{N1.T}$ (A) 保护装置的动作时限(按躲过允许的短时最大负荷时间即电动机起动时间整定)一般为 9~15 s	
低电压闭锁的带时限过电流保护	保护装置的动作电流(按躲过变压器额定电流整定): $I_{op.K} = \dfrac{K_{rel}K_w}{K_{re}K_i} I_{N1.T}$ (A) 保护装置的动作电压(按躲过变压器高压侧最低工作电压整定): $U_{op.K} = \dfrac{U_{min}}{K_{rel}K_{re}K_u}$ (V) 保护装置的灵敏系数(电流元件同带时限过电流保护,电压元件按保护安装处最大剩余电压校验): $K_s = \dfrac{U_{op.K}K_u}{U_{res.max}} \geqslant 1.5$ 保护装置的动作时限同带时限过电流保护	U_{min}—运行中可能出现的最低工作电压,一般取 $0.7 I_{N1.T}$; $U_{res.max}$—最大运行方式下,变压器二次侧短路时保护安装处最大剩余电压; K_u—电压互感器变比

注:① 绕组为星形-星形连接、低压侧中性点接地的配电变压器,当利用高压侧的过电流保护兼作低压侧的单相接地保护,或低压侧的过电流保护不能满足灵敏度要求时,应装设变压器中性线上的零序电流保护。当变压器低压侧有分支线时,保护装置宜能够有选择地切除各分支的故障。

表 6-5 电力变压器低压侧短路时流过高压侧的最大一相电流值(采用三相式保护)

计算点		三相短路电流/kA	两相短路电流/kA	单相(接地)短路电流/kA
低压侧短路时的实际值		$I''^{(3)}_{k.max}$	$I^{(2)}_{k.min}$	$I^{(1)}_{k.min}$
流过高压侧(保护安装处)的折算值	Y,yn0	$I''^{(3)}_{k2.max} = \dfrac{1}{K_T} I''^{(3)}_{k.max}$	$I^{(2)}_{k2.min} = \dfrac{1}{K_T} I^{(2)}_{k.min}$	$I^{(1)}_{k2.min} = \dfrac{2}{3K_T} I^{(1)}_{k.min}$
	D,yn11	$I''^{(3)}_{k2.max} = \dfrac{1}{K_T} I''^{(3)}_{k.max}$	$I^{(2)}_{k2.min} = \dfrac{2}{\sqrt{3}K_T} I^{(2)}_{k.min}$	$I^{(1)}_{k2.min} = \dfrac{1}{\sqrt{3}K_T} I^{(1)}_{k.min}$
	Y,d11	$I''^{(3)}_{k2.max} = \dfrac{1}{K_T} I''^{(3)}_{k.max}$	$I^{(2)}_{k2.min} = \dfrac{2}{\sqrt{3}K_T} I^{(2)}_{k.min}$	—

注:K_T 为变压器的变比。

6.3 母线保护

母线本身发生故障的可能性很小,但它一旦发生故障,将造成大面积停电,后果是严重的。实践证明,电压等级越高,母线故障越少。对一般电站而言,可利用供电元件的保护装置来切除母线上的故障。例如,变电站低压侧母线发生故障时,可由供电变压器的过电流保护装置将母线切除,但往往延时过长,不能满足运行上的要求。

对于出线不多的二、三级负荷供电的10(6) kV配电所的分段母线,可不装设保护装置。当配电所出线较多或有一级负荷时,不并列运行的分段母线应按表6-6进行配置保护,其整定计算见表6-7。

表6-6 6～10 kV分段母线的保护配置

常见故障	保护配置	配置要求
相间短路	电流速断保护	合闸瞬间投入,合闸后自动解除
相间短路	带时限过电流保护	当采用感应式电流继电器作过电流保护时,应解除继电器瞬动部分

表6-7 6～10 kV分段母线的保护整定计算

保护名称	计算项目和公式	符号说明
过电流保护	保护装置的动作电流(应躲过任一母线段的最大负荷电流): $I_{op.K} = K_{rel} K_w \dfrac{I_{max}}{K_{re} K_i}$ (A) 保护装置灵敏系数(按最小运行方式下母线两相短路时流过保护安装处的短路电流校验;当作为相邻元件的后备保护时,则按相邻元件末端最小运行方式下两相短路流过保护装置安装处的短路电流校验): $K_s = \dfrac{I^{(2)}_{k1.min}}{I_{op}} \geq 1.5$(主保护) $K_s = \dfrac{I^{(2)}_{k3.min}}{I_{op}} \geq 1.25$(后备保护) 保护装置的动作时限(应较相邻元件的过电流保护大一时限阶段)一般为0.5～0.7 s	K_{rel}—可靠系数,用于过电流保护时,DL型和GL型继电器分别取1.2和1.3,用于电流速断保护时分别取1.2和1.5,用于单相接地保护时无时限取1.5～2; K_w—接线系数,接于相电流时取1,接于相电流差时取$\sqrt{3}$; I_{max}—一段母线最大负荷(包括电动机起动所引起的)电流,A; K_{re}—继电器返回系数,取0.85; K_i—电流互感器变比; $I^{(2)}_{k1.min}$—最小运行方式下母线两相短路时流过保护装置安装处的稳态电流,A; $I^{(2)}_{k3.min}$—作为后备保护时,最小运行方式下相邻元件末端两相短路流过保护装置安装处的短路电流,A; $I''^{(2)}_{k.min}$—最小运行方式下母线两相短路超时,流过保护装置安装处的次暂态电流,A
电流速断保护	保护装置的动作电流(应按最小灵敏系数2整定): $I_{op.K} = K_w \dfrac{I''^{(2)}_{k.min}}{2K_i}$ (A)	

6.4　电力电容器保护

电容器最常见的故障是短路。对于低压电容器和容量小于400 kV·A的高压电容器,可装设熔断器作为电容器的相间短路保护。对于容量大的高压电容器,需配用专用的保护装置,通过高压断路器控制其投入或切除。6～35 kV电力电容器的保护配置见表6-8,其整定计算见表6-9。

表 6-8 6～35 kV 电力电容器的保护配置

常见故障或 异常运行方式	保护装置	配置要求
电容器组和断路器之间 连接线的短路	短时限电流速断保护	当电容器组的容量在 400 kvar 以内时,可以用带熔断器的负荷开关进行保护
	带时限过电流保护	
电容器内部故障及其 引出线的短路	专用熔断器保护	宜对每台电容器分别装设专用的熔断器保护。熔丝的额定电流宜为电容器额定电流的 1.43～1.55 倍
故障电容器切除到一定 数量后引起的过电压 (不平衡保护)	零序电压保护	用于单星形连接的电容器组
	横联差动保护	用于双三角形连接的电容器组
	中性线不平衡电流保护	用于双星形连接的电容器组
电容器组单相接地故障	单相接地保护	电容器与支架绝缘时不可装设
电容器组的过电压	过电压保护	当电压可能超过 110% 额定值时,宜装设
母线失压	欠电压保护	装设
过负荷	过负荷保护	宜装设

注:① 依据 GB 50227—1995《并联电容器装置设计规范》的规定。
② 高压电容器组宜采用单星形连接或双星形连接。

表 6-9 6～35 kV 电力电容器的保护整定计算

保护名称	计算项目和公式	符号说明
无时限或 带时限过 电流保护	保护装置的动作电流(按电容器组端部引线发生两相短路时,保护的灵敏系数不小于 2 整定): $$I_{op.K} = K_w \frac{I''^{(2)}_{k.min}}{2K_i} \text{(A)}$$ 保护装置的动作时限应大于电容器组合闸涌流时间 0.2 s 及以上	K_w—接线系数,接于相电流时取 1,接于相电流差时取 $\sqrt{3}$; K_i—电流互感器变比; $I''^{(2)}_{k.min}$—最小运行方式下电容器组首端两相短路时,流过保护安装处的超瞬变电流,A;
横联差动 保护	保护装置的动作电流(应躲过正常运行时电流互感器二次侧差动回路中的最大不平衡电流,以及当单台电容器内部 50%～70% 串联元件击穿时使保护装置有一定的灵敏系数,即 K_s=1.5): $$I_{op.K} \geq K_{rel} I_{unb} \text{(A)}$$ 和 $$I_{op.K} \geq \frac{Q\beta_C}{U_{N.C}(1-\beta_C)} \frac{1}{K_i K_s} \text{(A)}$$	K_{rel}—可靠系数,取 2～2.5; I_{unb}—最大不平衡电流,由测试决定,A; Q—单台电容器额定容量,kvar; β_C—单台电容器元件击穿相对数,取 0.5～0.75; $U_{N.C}$—电容器额定电压,kV;

续表

保护名称	计算项目和公式	符号说明
过电流保护	保护装置的动作电流（按大于电容器组允许的长期最大过负荷电流（$1.3I_{N.C}$）整定）：$$I_{op,K}=\frac{K_{rel}K_w}{K_{re}K_i}1.3I_{N.C}\text{（A）}$$灵敏系数（按最小运行方式下电容器组端部两相短路电流校验）：$$K_s=\frac{K_w I''^{(2)}_{k,min}}{K_i I_{op}}\geq 1.5$$动作时限较电容器组的短时限电流速断保护动作时限长 0.5～0.7 s	
过负荷保护	动作电流（按电容器组负荷电流整定）：$$I_{op}=\frac{K_{rel}K_w}{K_{re}K_i}I_{N.C}\text{（A）}$$动作时限较过电流保护动作时限长 0.5 s	K_{re}—继电器返回系数；I_{op}—保护装置一次侧动作电流，A；$$I_{op}=\frac{I_{op,K}K_i}{K_w}$$$I_{N.C}$—电容器组额定电流，A；$U_{N2}$—电压互感器二次侧额定电压，V，其值为 100；$K_{min}$—系统正常运行时母线电压可能出现的最低系数，一般取 0.5；$I_{c\Sigma}$—电网的总单相接地电容电流，A
过电压保护	保护装置的动作电压（按 110% 额定电压值整定）$$U_{op,K}\geq 1.1U_{N2}\text{（V）}$$保护装置动作于信号或带 3～5 min 时限动作于跳闸	
欠电压保护	动作电压（按母线电压可能出现的低电压整定）：$$U_{op}=K_{min}U_{N2}\text{（V）}$$	
单相接地保护	保护装置的一次侧动作电流（按最小灵敏系数 1.5 整定）$$I_{op}\leq\frac{I_{c\Sigma}}{1.5}\text{（A）}$$	

第7章 变电所设计示例

7.1 设计任务书

1) 设计题目

××机械厂降压变电所的电气设计。

2) 设计要求

要求根据本厂所能取得的电源及本厂用电负荷的实际情况,并适当考虑工厂生产的发展,按照安全可靠、技术先进、经济合理的要求,确定变电所的位置和型式,确定变电所主变压器的台数、容量与类型,选择变电所主接线方案及高低压设备和进出线,确定二次回路方案,选择整定继电保护,确定防雷和接地装置。最后按要求写出设计说明书,绘制设计图纸。

3) 设计依据

(1) 工厂总平面图。如图7-1所示。

(2) 工厂负荷情况。本厂多数车间为两班制,年最大负荷利用小时数为4 600 h,日最大负荷持续时间为6 h。该厂除铸造车间、电镀车间和锅炉房属二级负荷单位外,其余均属于三级负荷。本厂的负荷统计资料见表7-1。

(3) 供电电源情况。按照工厂与当地供电部门签订的供用电协议规定,本厂可由附近一条10 kV的公用电源干线取得工作电源。该干线的走向参看工厂总平面图。该干线的导线型号为LGJ-150,导线为等边三角排列,线距为2 m;干线首端距离本厂约为8 km。干线首端所装设的高压断路器断流容量为500 MV·A。此断路器配备有定时限过流保护和电流速断保护,定时限过流保护整定的动作时间为1.7 s。为满足工厂二级负荷(共计335.1 kV·A)的要求,可采用高压联络线由邻近的单位取得备用电源。已知与本厂高压侧有电气联系的架空线路总长度为80 km,电缆线路的总长度为25 km。

(4) 气象资料。本厂所在地区年最高温度为38 ℃,年平均气温为23 ℃,年最低气温为−8 ℃,年最热月平均最高气温为33 ℃,年最热月平均温度为26 ℃,年最热月地下0.8 m处平均温度为25 ℃。当地主导风为东北风,年雷暴日数为20。

(5) 地质水文资料。本厂所在地区平均海拔500 m,地层以砂质黏土为主,地下水位为2 m。

(6) 电费制度。本厂与当地供电部门达成协议,在工厂变电所高压侧计量电能,设专用计量柜,按两部电费制交纳电费。每月基本电费按主变压器容量计为18元/(kV·A),动力电费为0.2元/(kW·h),照明电费为0.5元/(kW·h)。工厂最大负荷时的功率因数不得低于 0.90。此外,电力用户需按新装变压器容量计算,一次性地向供电部门交纳供电贴费: 6~10 kV 为 800 元/(kV·A)。

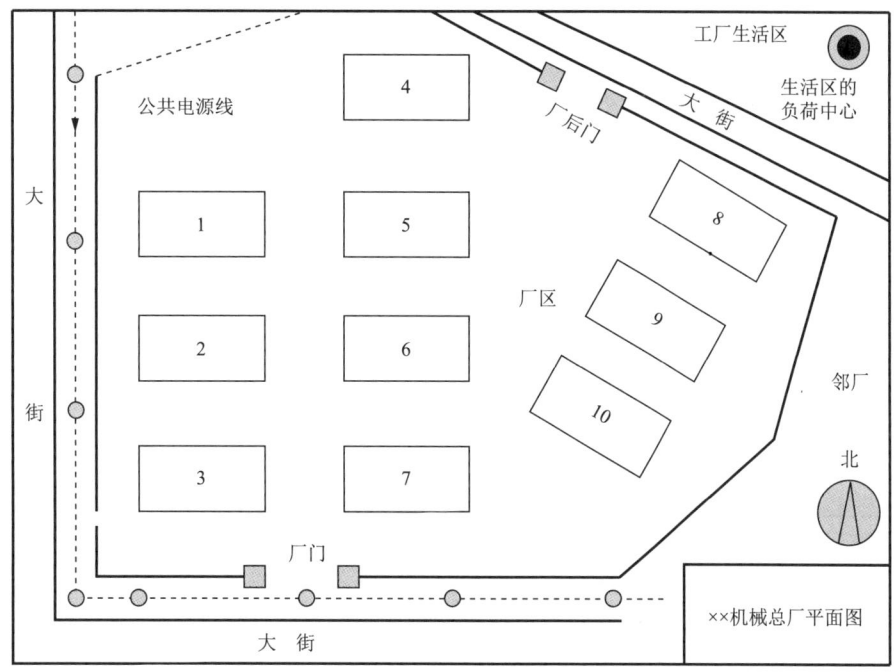

图 7-1 工厂总平面图

表 7-1 工厂负荷计算统计资料(示例)

厂房编号	厂房名称	负荷类型	设备容量 P_e/kW	需要系数 K_d	功率因数 $\cos\varphi$
1	铸造车间	动 力	300	0.30	0.70
		照 明	6	0.80	1.00
2	锻压车间	动 力	350	0.30	0.65
		照 明	8	0.70	1.00
3	热处理车间	动 力	150	0.60	0.80
		照 明	5	0.80	1.00
4	电镀车间	动 力	250	0.50	0.80
		照 明	5	0.80	1.00
5	仓 库	动 力	20	0.40	0.80
		照 明	1	0.80	1.00
6	工具车间	动 力	360	0.30	0.60
		照 明	7	0.90	1.00
7	金工车间	动 力	400	0.20	0.65
		照 明	10	0.80	1.00
8	锅炉房	动 力	50	0.70	0.80
		照 明	1	0.80	1.00

续表

厂房编号	厂房名称	负荷类型	设备容量 P_e/kW	需要系数 K_d	功率因数 $\cos\varphi$
9	装配车间	动 力	180	0.30	0.70
		照 明	6	0.80	1.00
10	机修车间	动 力	160	0.20	0.65
		照 明	4	0.80	1.00
11	生活区	照 明	350	0.70	0.90

7.2 设计说明书

1) 负荷计算和无功功率补偿

(1) 负荷计算。各厂房和生活区的负荷计算见表 7-2。

表 7-2 ××机械厂负荷计算表

编号	名称	类别	设备容量 P_e/kW	需要系数 K_d	$\cos\varphi$	$\tan\varphi$	计算负荷			
							P_c/kW	Q_c/kvar	S_c/(kV·A)	I_c/A
1	铸造车间	动 力	300	0.30	0.70	1.02	90	91.8	—	—
		照 明	6	0.80	1.00	0	4.8	0	—	—
		小 计	306	—	—	—	94.8	91.8	132	201
2	锻压车间	动 力	350	0.30	0.65	1.17	105	123	—	—
		照 明	8	0.70	1.00	0	5.6	0	—	—
		小 计	358	—	—	—	110.6	123	165	251
3	热处理车间	动 力	150	0.60	0.80	0.75	90	67.5	—	—
		照 明	5	0.80	1.00	0	4	0	—	—
		小 计	155	—	—	—	94	67.5	116	176
4	电镀车间	动 力	250	0.50	0.80	0.75	125	93.8	—	—
		照 明	5	0.80	1.00	0	4	0	—	—
		小 计	255	—	—	—	129	93.8	160	244
5	仓库	动 力	20	0.40	0.80	0.75	8	6	—	—
		照 明	1	0.80	1.00	0	0.80	0	—	—
		小 计	21	—	—	—	8.8	6	10.7	16.2
6	工具车间	动 力	360	0.30	0.60	1.33	108	144	—	—
		照 明	7	0.90	1.00	0	6.3	0	—	—
		小 计	367	—	—	—	114.3	144	184	280
7	金工车间	动 力	400	0.20	0.65	1.17	80	93.6	—	—
		照 明	10	0.80	1.00	0	8	0	—	—
		小 计	410	—	—	—	88	93.6	128	194

续表

编号	名称	类别	设备容量 P_e/kW	需要系数 K_d	$\cos\varphi$	$\tan\varphi$	计算负荷			
							P_c/kW	Q_c/kvar	S_c/(kV·A)	I_c/A
8	锅炉房	动力	50	0.70	0.80	0.75	35	26.3	—	
		照明	1	0.80	1.00	0	0.8	0		
		小计	51	—	—	—	35.8	26.3	44.4	67
9	装配车间	动力	180	0.30	0.70	1.02	54	55.1	—	
		照明	6	0.80	1.00	0	4.8	0		
		小计	186	—	—	—	58.8	55.1	80.6	122
10	机修车间	动力	160	0.20	0.65	1.17	32	37.4	—	
		照明	4	0.80	1.00	0	3.2	0		
		小计	164	—	—	—	35.2	37.4	51.4	78
11	生活区	照明	350	0.70	0.90	0.48	245	117.6	272	413
	总计 (380 V 侧)	动力	2 220				1 015.3	856.1		
		照明	403							
		计入 $K_p=0.80$ $K_q=0.85$			0.75		812.2	727.6	1 090	1 656

(2) 无功功率补偿。由表 7-2 可知,该厂 380 V 侧最大负荷时的功率因数只有 0.75。而供电部门要求该厂 10 kV 进线侧最大负荷时功率因数不应低于 0.90。考虑到主变压器的无功损耗远大于有功损耗,因此 380 V 侧最大负荷时的功率因数应稍大于 0.90,暂取 0.92 来计算 380 V 侧所需无功功率补偿容量:

$$Q_C = P_c(\tan\varphi_1 - \tan\varphi_2)$$
$$= 812.2 \times [\tan(\arccos 0.75) - \tan(\arccos 0.92)]$$
$$= 370 \text{ (kvar)}$$

如图 7-2 所示,选 PGJ1 型低压自动补偿屏,并联电容器为 BW0.4-14-3 型,采用其 1# 方案(主屏) 1 台与 3# 方案(辅屏) 4 台相组合,总共容量为 84 kvar×5 = 420 kvar。因此,无功补偿后工厂 380 V 侧和 10 kV 侧的负荷计算见表 7-3。

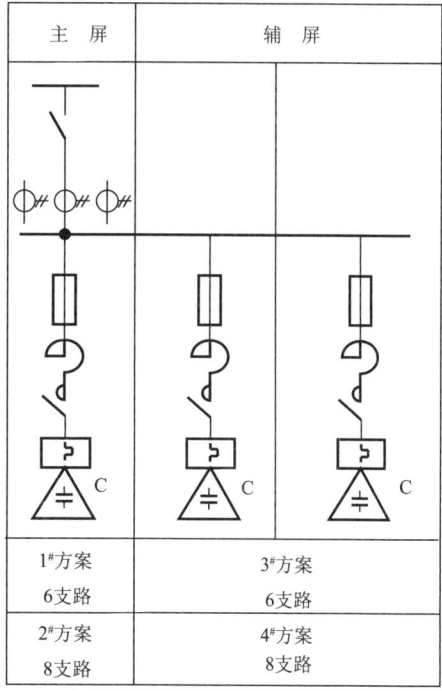

图 7-2 PGJ1 型低压无功功率自动补偿屏的接线方案

表 7-3　无功补偿后工厂的负荷计算

项　　目	$\cos\varphi$	计算负荷			
		P_c/kW	Q_c/kvar	S_c/(kV·A)	I_c/A
380 V 侧补偿前负荷	0.75	812.2	727.6	1 090	1 656
380 V 侧无功补偿容量			−420		
380 V 侧补偿后负荷	0.935	812.2	307.6	868.5	1 320
主变压器功率损耗		$0.015S_{30}=13$	$0.06S_{30}=52$		
10 kV 侧负荷总计	0.92	825.2	359.6	900	52

2) 变电所位置和型式的选择

变电所的位置尽量接近工厂的负荷中心。工厂的负荷中心按负荷功率矩法来确定,计算公式为:

$$x = \frac{P_1 x_1 + P_2 x_2 + P_3 x_3 + \cdots}{P_1 + P_2 + P_3 + \cdots} = \frac{\sum(P_i x_i)}{\sum P_i}$$

$$y = \frac{P_1 y_1 + P_2 y_2 + P_3 y_3 + \cdots}{P_1 + P_2 + P_3 + \cdots} = \frac{\sum(P_i y_i)}{\sum P_i}$$

限于本书篇幅,计算过程从略。(说明:学生设计时不能"从略",下同。)

由计算结果可知,工厂的负荷中心在 5 号厂房(仓库)的东南角(参看图 7-1)。考虑到周围环境及进出线方便,决定在 5 号厂房(仓库)的东侧紧靠厂房建造工厂变电所,其型式为附设式。

3) 变电所主变压器及主接线方案的选择

(1) 变电所主变压器的选择。根据工厂的负荷性质和电源情况,工厂变电所的主变压器考虑有下列两种可供选择的方案:

① 装设一台主变压器,型号采用 S9 型,而容量根据式 $S_{N.T} \geqslant S_c$,选 $S_{N.T}=1\,000$ kV·A $> S_c = 900$ kV·A,即选择一台 S9-1000/10 型低损耗配电变压器。至于工厂二级负荷所需的备用电源,考虑由与邻近单位相连的高压联络线来承担。

② 装设两台主变压器,型号亦采用 S9 型,而每台变压器容量按式 $S_{N.T} \approx (0.6\sim 0.7)S_c$ 和 $S_{N.T} \geqslant S_{c(I+II)}$ 选择,即

$$S_{N.T} \approx (0.6\sim 0.7)S_c = (0.6\sim 0.7)\times 900 = 540\sim 630\ (\text{kV·A})$$

且

$$S_{N.T} \geqslant S_{c(I+II)} = 132 + 160 + 44.4 = 336.4\ (\text{kV·A})$$

因此,选择两台 S9-630/10 型低损耗配电变压器。工厂二级负荷所需的备用电源亦由与邻近单位相连的高压联络线来承担。

主变压器的联络组均采用 Y,yn0 型连接。

(2) 变电所主接线方案的选择。按上面考虑的两种主变压器方案可设计下列两种主接线方案:

① 装设一台主变压器的主接线方案,如图 7-3 所示(低压侧主接线从略)。

② 装设两台主变压器的主接线方案,如图 7-4 所示(低压侧主接线从略)。

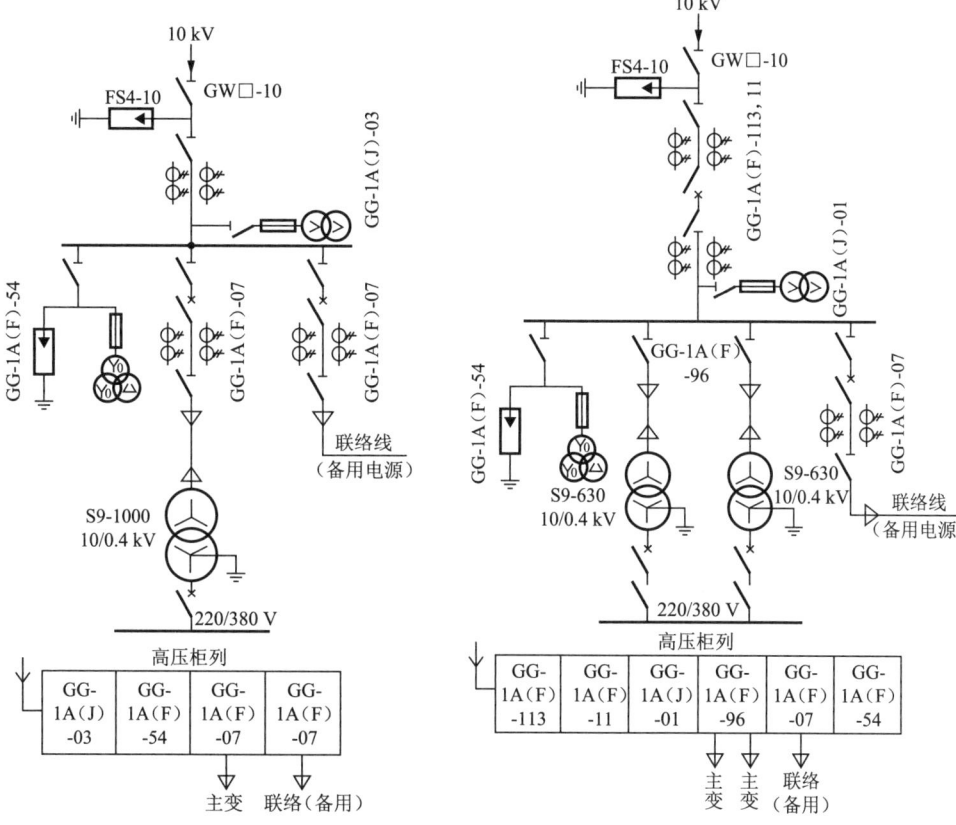

图 7-3 装设一台主变的变电所主接线
方案（附高压柜列图）

图 7-4 装设两台主变的变电所主接线
方案（附高压柜列图）

（3）两种主接线方案的技术经济比较，见表 7-4。

从表 7-4 可以看出，按技术指标，装设两台主变压器的主接线方案略优于装设一台主变压器的主接线方案，但按经济指标，则装设一台主变压器的方案远优于装设两台变压器的方案，因此决定采用装设一台主变压器的方案。（说明：如果工厂负荷近期可能有较大增长，则宜采用装设两台主变压器的方案。）

表 7-4 两种主接线方案的比较

	比较项目	装设一台主变的方案（见图 7-3）	装设两台主变的方案（见图 7-4）
技术指标	供电安全	满足要求	满足要求
	供电可靠性	基本满足要求	满足要求
	供电质量	只一台主变，电压损耗较大	由于两台主变并列，电压损耗略小
	灵活方便	只一台主变，灵活性差	由于有两台主变，灵活性较好
	扩建适应性	稍差一些	更好一些
经济指标	电力变压器的综合投资额	查得 S9-1000/10 的单价约为 15.1 万元，变压器综合投资约为其单价的 2 倍，因此其综合投资约为 2×15.1 万元＝30.2 万元	查得 S9-630/10 的单价约为 10.5 万元，因此两台变压器的综合投资约为 4×10.5 万元＝42 万元，比一台主变方案多投资 11.8 万元

续表

比较项目		装设一台主变的方案(见图 7-3)	装设两台主变的方案(见图 7-4)
经济指标	高压开关(含计量柜)的综合投资额	查得 GG-1A(F)型柜可按每台 4 万元计,其综合投资可按设备价的 1.5 倍计,因此高压开关柜的投资约为 4×1.5×4 万元=24 万元	本方案采用 6 台 GG-1A(F)型柜,其综合投资约为 6×1.5×4 万元=36 万元,比一台主变方案多投资 12 万元
	电力变压器和高压开关柜的年运行费	按规定计算,主变的折旧费=30.2 万元×0.05=1.51 万元;高压开关柜的折旧费=24 万元×0.06=1.44 万元;变/配电设备的维修管理费=(30.2+24)万元×0.06=3.25 万元。因此主变和高压开关设备的折旧和维修管理费=(1.51+1.44+3.25)万元=6.2 万元(其余项目从略)	主变的折旧费=42 万元×0.05=2.1 万元;高压开关柜的折旧费=36 万元×0.06=2.16 万元;变/配电设备的维修管理费=(42+36)万元×0.06=4.68 万元。因此主变和高压开关设备的折旧费和维修管理费=(2.1+2.16+4.68)万元=8.94 万元,比一台主变方案多耗资 2.74 万元
	供电贴费	按主变容量每台 900 元/(kV·A)计,供电贴费=1 000 (kV·A)×0.09 万元/(kV·A)=90 万元	供电贴费=2×630 (kV·A)×0.09 万元/(kV·A)=113.4 万元,比一台主变方案多交 23.4 万元

4) 短路电流计算

(1) 绘制计算电路,如图 7-5 所示。

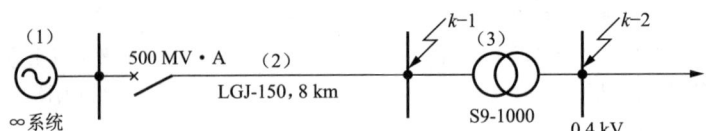

图 7-5 短路计算电路

(2) 确定短路电流基准值。

设 $S_j=100$ MV·A,$U_j=1.05\ U_N$,即高压侧 $U_{j1}=10.5$ kV,低压侧 $U_{j2}=0.4$ kV,则:

$$I_{j1}=\frac{S_j}{\sqrt{3}U_{j1}}=\frac{100}{\sqrt{3}\times 10.5}=5.5 \text{ (kA)}$$

$$I_{j2}=\frac{S_j}{\sqrt{3}U_{j2}}=\frac{100}{\sqrt{3}\times 0.4}=144 \text{ (kA)}$$

(3) 计算短路电路中各元件的电抗标幺值。

① 电力系统。已知系统电源首端断路器的开断容量 $S_{oc}=500$ MV·A,故:

$$X_1^*=100/500=0.2$$

② 架空线路。查相应表得出 LGJ-150 的 $x_1=0.36$ Ω/km,线路长 8 km,故:

$$X_2^*=0.36\times 8\times\frac{100}{10.5^2}=2.6$$

③ 电力变压器。查相应的表得 $U_k\%=4.5$,故:

$$X_3^*=\frac{4.5}{100}\times\frac{100\times 1\ 000}{1\ 000}=4.5$$

因此,绘制短路计算等效电路如图 7-6 所示。

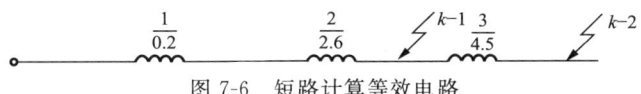

图 7-6 短路计算等效电路

(4) 计算 $k-1$ 点(10.5 kV 侧)的短路电路总电抗及三相短路电流和短路容量。

① 总电抗标幺值：
$$\sum X_{k-1}^* = X_1^* + X_2^* = 0.2 + 2.6 = 2.8$$

② 三相短路电流周期分量有效值：
$$I_{k-1}^{(3)} = \frac{I_{j1}}{\sum X_{k-1}^*} = \frac{5.5}{2.8} = 1.96 \text{ (kA)}$$

③ 其他短路电流：
$$I''^{(3)} = I_\infty^3 = I_{k-1}^3 = 1.96 \text{ (kA)}$$
$$i_{sh}^{(3)} = 2.55 I''^{(3)} = 2.55 \times 1.96 = 5.0 \text{ (kA)}$$
$$I_{sh}^{(3)} = 1.51 I''^{(3)} = 1.51 \times 1.96 = 2.96 \text{ (kA)}$$

④ 三相短路容量：
$$S_{k-1}^{(3)} = \frac{S_j}{\sum X_{k-1}^*} = \frac{100}{2.8} = 35.7 \text{ (MV·A)}$$

(5) 计算 $k-2$ 点(0.4 kV 侧)的短路电路总电抗及三相短路电流和短路容量。

① 总电抗标幺值：
$$\sum X_{k-2}^* = X_1^* + X_2^* + X_3^* = 0.2 + 2.6 + 4.5 = 7.3$$

② 三相短路电流周期分量有效值：
$$I_{k-2}^{(3)} = \frac{I_{j2}}{\sum X_{k-2}^*} = \frac{144}{7.3} = 19.7 \text{ (kA)}$$

③ 其他短路电流：
$$I''^{(3)} = I_\infty^{(3)} = I_{k-2}^{(3)} = 19.7 \text{ (kA)}$$
$$i_{sh}^{(3)} = 1.84 I''^{(3)} = 1.84 \times 19.7 = 36.2 \text{ (kA)}$$
$$I_{sh}^{(3)} = 1.09 I''^{(3)} = 1.09 \times 19.7 = 21.5 \text{ (kA)}$$

④ 三相短路容量：
$$S_{k-2}^{(3)} = \frac{S_j}{\sum X_{k-2}^*} = \frac{100}{7.3} = 13.7 \text{ (MV·A)}$$

以上短路计算结果综合见表 7-5。(说明：工程设计说明书中只列出短路计算结果。)

表 7-5 短路计算结果

短路计算点	三相短路电流/kA					三相短路容量/(MV·A)
	$I_k^{(3)}$	$I''^{(3)}$	$I_\infty^{(3)}$	$i_{sh}^{(3)}$	$I_{sh}^{(3)}$	$S_k^{(3)}$
$k-1$	1.96	1.96	1.96	5.0	2.96	35.7
$k-2$	19.7	19.7	19.7	36.2	21.5	13.7

5) 变电所一次设备的选择与校验

(1) 10 kV 侧一次设备的选择与校验，见表 7-6。

表 7-6 10 kV 侧一次设备的选择与校验

选择校验项目		电压	电流	断流能力	动稳定	热稳定	其他
装置地点条件	参数	$U_{N.S}$	$I_{N.S}$	$I_b^{(3)}$	$i_{sh}^{(3)}$	$I_\infty^{(3)2} t_{ima}$	—
	数据	10 kV	57.7 A ($I_{1N.T}$)	1.96 kA	5.0 kA	$1.96^2 \times 1.9 = 7.3$	—
一次设备型号规格	额定参数	U_N	I_N	I_{oc}	i_{max}	$I_t^2 \cdot t$	—
	高压少油断路器 SN10-10I/630	10 kV	630 A	16 kA	40 kA	$16^2 \times 2 = 512$	—
	高压隔离开关 GN_8^6-10/200	10 kV	200 A	—	25.5 kA	$10^2 \times 5 = 500$	—
	高压熔断器 RN2-10	10 kV	0.5 A	50 kA	—	—	—
	电压互感器 JDJ-10	10/0.1 kV	—	—	—	—	—
	电压互感器 JNZJ-10	$\frac{10}{\sqrt{3}}/\frac{0.1}{\sqrt{3}}/\frac{0.1}{\sqrt{3}}$ kV	—	—	—	—	—
	电流互感器 LQJ-10	10 kV	100/5 A	—	$225 \times \sqrt{2} \times 0.1$ kA $= 31.8$ kA	$(90 \times 0.1)^2 \times 1 = 81$	二次侧负荷 0.6 Ω
	避雷器 FS4-10	10 kV	—	—	—	—	—
	户外隔离开关 GW4-12/400	12 kV	400 A	—	25 kA	$10^2 \times 5 = 500$	—

由表 7-6 可以看出,所选一次设备均满足要求。

(2) 380 V 侧一次设备的选择与校验,见表 7-7。

表 7-7 380 V 侧一次设备的选择与校验

选择校验项目		电压	电流	断流能力	动稳定	热稳定	其他
装置地点条件	参数	$U_{N.S}$	$I_{N.S}$	$I_b^{(3)}$	$i_{sh}^{(3)}$	$I_\infty^{(3)2} t_{ima}$	—
	数据	380 V	总 1 320 A	19.7 kA	36.2 kA	$19.7^2 \times 0.7 = 272$	—
一次设备型号规格	额定参数	U_N	I_N	I_{oc}	i_{max}	$I_t^2 \cdot t$	—
	低压断路器 DW15-1500/3D	380 V	1 500 A	40 kA	—	—	—
	低压断路器 DZ20-630	380 V	630 A (大于 I_c)	30 kA (一般)	—	—	—

续表

选择校验项目		电压	电流	断流能力	动稳定	热稳定	其他
一次设备型号规格	低压刀开关 HD13-1500/30	380 V	1 500 A	—	—	—	—
	电流互感器 LMZJ1-0.5	500 V	1 500/5 A	—	—	—	—
	电流互感器 LMZ1-0.5	500 V	100/5 A 160/5 A	—	—	—	—

(3) 高低压母线的选择。10 kV 母线选择 LMY-3(40×4)，即母线尺寸为 40 mm×4 mm；380 V 母线选择 LMY-3(120×10)+80×6，即相母线尺寸为 120 mm×10 mm，而中性线母线尺寸为 80 mm×6 mm。

6）变电所进出线及与邻近单位的联络线的选择

(1) 10 kV 高压进线和引入电缆的选择。

① 10 kV 高压进线的选择与校验。采用 LJ 型铝绞线架空敷设，接往 10 kV 公用线。

按发热条件选择：由 $I_c=I_{N.T1}=57.7$ A 及户外环境温度 33 ℃，查相应的表，初选 LJ-16 铝绞线，其 35 ℃ 时的 $I_{al}=93.5$ A$>I_c$，满足发热条件。

校验机械强度：查相应的表，最小允许截面 $S_{min}=35$ mm²，因此按发热条件选择的 LJ-16 铝绞线不满足机械强度要求，故改用 LJ-35 铝绞线。

由于此线路很短，不需校验电压损耗。

② 由高压配电室至主变的一段引入电缆的选择与校验。采用 YJL22-10000 型交联聚乙烯绝缘铝芯电缆直接埋地敷设。

按发热条件选择：由 $I_c=I_{N.T1}=57.7$ A 及土壤温度 25 ℃，查相应的表，初选缆芯截面为 25 mm² 的交联电缆，其 $I_{al}=90$ A$>I_c$，满足发热条件。

校验短路热稳定：计算满足短路热稳定的最小截面积。

$$S_{min}=I_k^{(3)}\frac{\sqrt{t_{ima}}}{C}=1\ 960\times\frac{\sqrt{0.75}}{77}=22\ (\text{mm}^2)<S=25\ (\text{mm}^2)$$

式中，C 值由相应的表查得；t_{ima} 为终端变电所保护动作时间 0.5 s，加断路器断路时间 0.2 s，再计入 0.05 s 非周期分量假想时间，故 $t_{ima}=0.75$ s。

因此，YJL22-10000-3×25 交联电缆满足短路热稳定条件。

(2) 380 V 低压侧出线的选择。

① 馈电给 1 号厂房（铸造车间）的线路，采用 VLV22-1000 型聚氯乙烯绝缘铝芯电缆直接埋地敷设。

按发热条件选择：由 $I_c=201$ A 及地下 0.8 m 土壤温度 25 ℃，查相应的表，初选缆芯截面为 120 mm² 的交联电缆，其 $I_{al}=212$ A$>I_c$，满足发热条件。

校验电压损耗：由图 7-1 所示工厂平面图量得变电所至 1 号厂房距离为 100 m，而查相应的表得 120 mm² 的铝芯电缆的 $R_1=0.31$ Ω/km（按缆芯工作温度 75 ℃ 计），$X_1=0.07$ Ω/km，又 1 号厂房的 $P_c=94.8$ kW，$Q_c=91.8$ kvar，因此：

$$\Delta U = \frac{94.8 \times (0.31 \times 0.1) + 91.8 \times (0.07 \times 0.1)}{0.38} = 9.4 \text{ (V)}$$

$$\Delta U\% = \frac{9.4}{380} \times 100\% = 2.5\% < \Delta U_{al}\% = 5\%$$

故满足允许电压损耗的要求。

短路热稳定性要求：

$$S_{min} = I_k^{(3)} \frac{\sqrt{t_{ima}}}{C} = 19\,700 \times \frac{\sqrt{0.75}}{76} = 224 \text{ (mm}^2\text{)}$$

由于前面按发热条件所选 120 mm² 的缆芯截面小于 S_{min}，不满足短路热稳定要求，故改选缆芯截面为 240 mm² 的电缆，即选择 VLV22-1000-3×240+1×120 四芯聚氯乙烯绝缘铝芯电缆，中性线芯按不小于相线芯一半选择，下同。

② 馈电给 2 号厂房(锻压车间)的线路，亦采用 VLV22-1000-3×240+1×120 四芯聚氯乙烯绝缘铝芯电缆直接埋地敷设(方法同上，从略)。

③ 馈电给 3 号厂房(热处理车间)的线路，亦采用 VLV22-1000-3×240+1×120 四芯聚氯乙烯绝缘铝芯电缆直接埋地敷设(方法同上，从略)。

④ 馈电给 4 号厂房(电镀车间)的线路，亦采用 VLV22-1000-3×240+1×120 四芯聚氯乙烯绝缘铝芯电缆直接埋地敷设(方法同上，从略)。

⑤ 馈电给 5 号厂房(仓库)的线路，由于仓库就在变电所旁边，而且属同一建筑物，因此采用聚氯乙烯绝缘铝芯导线 BLV-1000 型 5 根(包括 3 根相线、1 根 N 线、1 根 PE 线)穿硬塑料管埋地敷设。

按发热条件选择：由 $I_c = 16.2$ A 及环境温度(年最热月平均温度)26 ℃，查相应的表，相线截面初选 4 mm²，其 $I_{al} \approx 19$ A$> I_c$，满足发热条件。

按规定，N 线和 PE 线也都选择 4 mm²，与相线截面相同，即选用 BLV-1000-1×4 铝芯塑料导线 5 根穿内径 25 mm 的硬塑料管埋地敷设。

校验机械强度：查相应的表，最小允许截面 $S_{min} = 2.5$ mm²，因此按上面所选的 4 mm² 的导线满足机械强度要求。

校验电压损耗：所选穿管导线估计长为 50 m，查相应的表得 $R_1 = 8.55$ Ω/km，$X_1 = 0.119$ Ω/km。又仓库的 $P_c = 8.8$ kW，$Q_c = 6$ kvar，因此：

$$\Delta U = \frac{8.8 \times (8.55 \times 0.05) + 6 \times (0.119 \times 0.05)}{0.38} = 10 \text{ (V)}$$

$$\Delta U\% = \frac{10}{380} \times 100\% = 2.63\% < \Delta U_{al}\% = 5\%$$

故满足允许电压损耗的要求。

⑥ 馈电给 6 号厂房(工具车间)的线路，亦采用 VLV22-1000-3×240+1×120 四芯聚氯乙烯绝缘铝芯电缆直接埋地敷设(方法同前，从略)。

⑦ 馈电给 7 号厂房(金工车间)的线路，亦采用 VLV22-1000-3×240+1×120 四芯聚氯乙烯绝缘铝芯电缆直接埋地敷设(方法同前，从略)。

⑧ 馈电给 8 号厂房(锅炉房)的线路，亦采用 VLV22-1000-3×240+1×120 四芯聚氯乙烯绝缘铝芯电缆直接埋地敷设(方法同前，从略)。

⑨ 馈电给 9 号厂房(装配车间)的线路，亦采用 VLV22-1000-3×240+1×120 四芯聚氯

乙烯绝缘铝芯电缆直接埋地敷设(方法同前,从略)。

⑩ 馈电给 10 号厂房(机修车间)的线路,亦采用 VLV22-1000-3×240+1×120 四芯聚氯乙烯绝缘铝芯电缆直接埋地敷设(方法同前,从略)。

⑪ 馈电给生活区的线路,采用 BLX-1000 型铝芯橡皮绝缘线架空敷设。

按发热条件选择:由 $I_c=413$ A 及户外温度 33 ℃,查相应的表,初选 BLX-1000-1×240,其 33 ℃时的 $I_{al}\approx455$ A$>I_c$,满足发热条件。

校验机械强度:查相应的表,最小允许截面 $S_{min}=10\ mm^2$,因此 BLX-1000-1×240 满足机械强度要求。

校验电压损耗:由图 7-1 所示工厂平面图量得变电所至生活区负荷中心距离约为 200 m,查相应的表得其阻抗值与 BLX-1000-1×240 近似等值 LJ-240 的阻抗 $R_1=0.14$ Ω/km,$X_1=0.30$ Ω/km(按线间几何均距 0.8 m 计)。又生活区的 $P_c=245$ kW,$Q_c=117.6$ kvar,因此:

$$\Delta U=\frac{245\times(0.14\times 0.2)+117.6\times(0.3\times 0.2)}{0.38}=36.6\ (V)$$

$$\Delta U\%=\frac{36.6}{380}\times 100\%=9.6\%>\Delta U_{al}\%=5\%$$

不满足允许电压损耗的要求。为确保生活区用电(照明、家电)的电压质量,决定选用四回 BLX-1000-1×120 的三相架空线路对生活区供电。PEN 线均采用 BLX-1000-1×75 橡皮绝缘线。重新校验电压损耗,完全合格(此处略)。

(3) 作为备用电源的高压联络线的选择与校验。

采用 YJL22-10000 型交联聚乙烯绝缘铝芯电缆,直接埋地敷设,与相距约 2 km 的邻近单位变/配电所的 10 kV 母线相连。

① 按发热条件选择:工厂二级负荷容量共 335.1 kV·A,$I_c=335.1$ kV·A/($\sqrt{3}\times$ 10 kV)=19.3 A,而最热月土壤平均温度为 25 ℃,因此初选缆芯截面为 25 mm^2 的交联聚乙烯绝缘铝芯电缆(注:该型电缆最小芯线截面为 25 mm^2),其 $I_{al}=90$ A$>I_c$,满足发热条件。

② 校验电压损耗:查相应的表得缆芯截面为 25 mm^2 的铝芯电缆的 $R_1=1.54$ Ω/km(按缆线温度 80 ℃计),$X_1=0.12$ Ω/km,而二级负荷的 $P_c=259.5$ kW,$Q_c=211.9$ kvar,线路长度按 2 km 计,因此:

$$\Delta U=\frac{259.5\times(1.54\times 2)+211.9\times(0.12\times 2)}{10}=85\ (V)$$

$$\Delta U\%=\frac{85}{10\ 000}\times 100\%=0.85\%<\Delta U_{al}\%=5\%$$

由此可见该电缆满足允许电压损耗要求。

③ 短路热稳定校验:按本变电所高压侧短路电流校验,由前述高压配电室至主变的一段引入电缆的短路热稳定性校验,可知缆芯截面 25 mm^2 的交联电缆是满足短路热稳定性要求的。由于邻近单位 10 kV 的短路数据不详,因此该联络线的短路热稳定性校验无法进行,只有暂缺。

综合以上所选变电所进出线和联络线的导线和电缆型号规格见表 7-8。

表 7-8　变电所进出线和联络线的型号规格

线路名称		导线或电缆型号的选择
10 kV 电源进线		LJ-35 铝绞线(三相三线架空)
主变引入电缆		YJL22-10000-3×25 交联电缆(直埋)
380 V 低压出线	至 1 号厂房	VLV22-1000-3×240+1×120 四芯塑料电缆(直埋)
	至 2 号厂房	VLV22-1000-3×240+1×120 四芯塑料电缆(直埋)
	至 3 号厂房	VLV22-1000-3×240+1×120 四芯塑料电缆(直埋)
	至 4 号厂房	VLV22-1000-3×240+1×120 四芯塑料电缆(直埋)
	至 5 号厂房	BLV-1000-1×4 铝芯塑料导线 5 根穿内径 25 mm 硬塑料管
	至 6 号厂房	VLV22-1000-3×240+1×120 四芯塑料电缆(直埋)
	至 7 号厂房	VLV22-1000-3×240+1×120 四芯塑料电缆(直埋)
	至 8 号厂房	VLV22-1000-3×240+1×120 四芯塑料电缆(直埋)
	至 9 号厂房	VLV22-1000-3×240+1×120 四芯塑料电缆(直埋)
	至 10 号厂房	VLV22-1000-3×240+1×120 四芯塑料电缆(直埋)
	至生活区	四回路,每回路 3×BLX-1000-1×120+1×BLX-1000-1×75 橡皮线(三相四线架空)
与邻近单位 10 kV 联络线		YJL22-10000-3×25 交联电缆(直埋)

7) 变压所主接线图

根据主接线方案和电气设备的选择结果,绘制变电所的主接线,如图 7-7 所示。

8) 线路和变压器保护配置与整定

略。

9) 变电所的防雷保护与接地装置的设计

略。

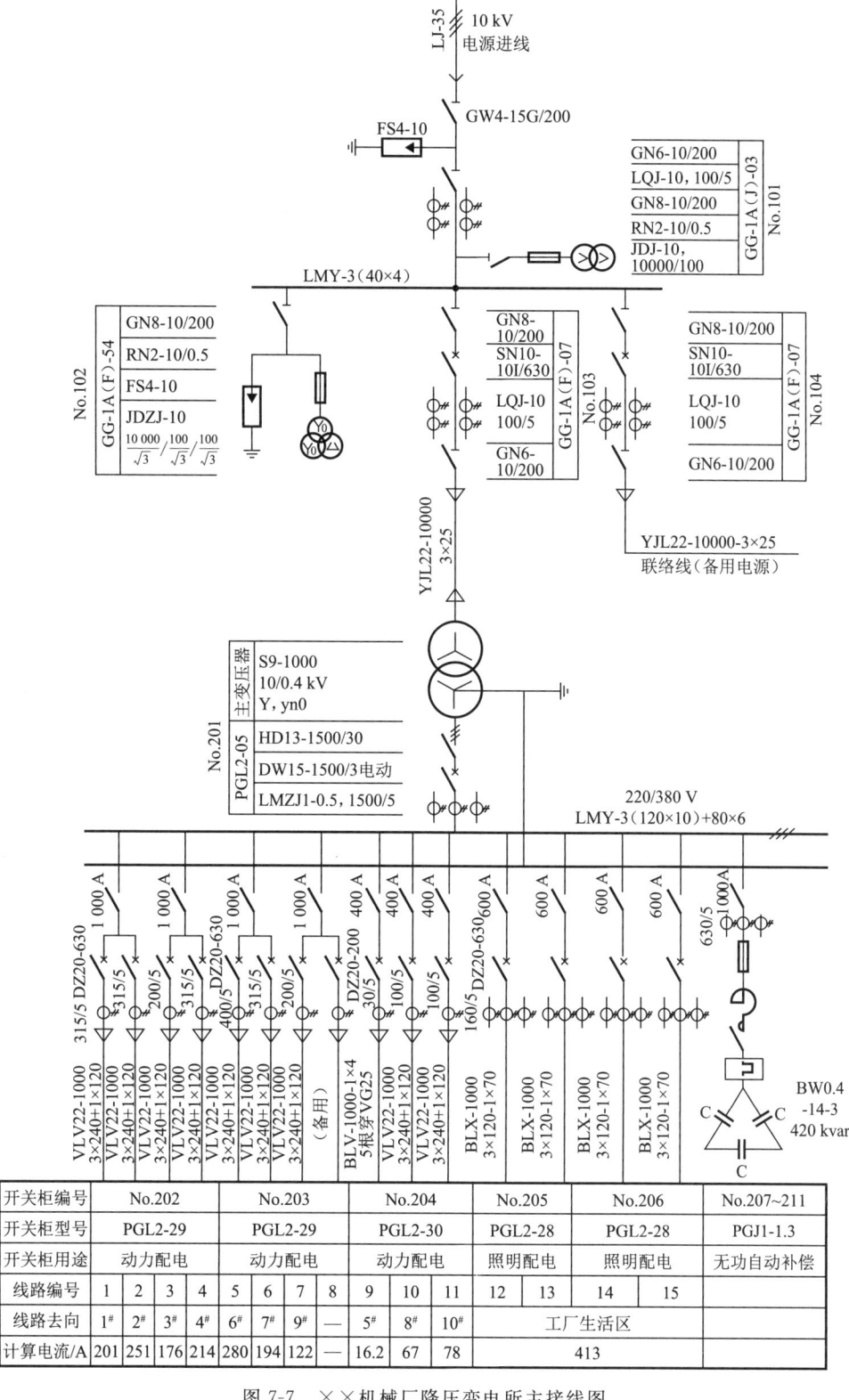

图 7-7 ××机械厂降压变电所主接线图

第8章 电力工程课程设计题目选编

为便于电力工程课程设计及毕业设计时选择课题,本章选编若干个变/配电所设计题目,这些题目来自实际工程,但某些原始数据有所简化。

变电所电气部分初步设计的内容包括:

(1) 分析原始资料,进行负荷计算和无功功率补偿。
(2) 变电所位置和型式的选择。
(3) 变电所主变压器的台数、容量和类型的选择。
(4) 变电所主接线方案的设计。
(5) 进行短路电流计算。
(6) 变电所一次设备的选择与校验。
(7) 变电所进出线的选择与校验。
(8) 设计线路、变压器或线路变压器单元、高压电容器等保护配置并进行整定计算。
(9) 应用 AutoCAD 绘出主接线图纸。

设计题目1 某扬水站6 kV变电所设计

1. 负荷情况

该扬水站用电负荷为水泵和照明设备,电压等级为220/380 V。春季、夏季、秋季为浇灌季节,最大负荷时14台水泵全开,一般情况开启6～7台水泵;非浇灌季节该站只有值班人员,变电所仅供生活照明用电。该变电所负荷和技术参数见表1。

表1 所内负荷情况

序号	车间或用电单位名称	台数	设备容量 $\sum P_e$/kW	功率因数 $\cos\varphi$	需要系数 K_d	计算有功功率 P_c/kW	计算无功功率 Q_c/kvar	计算视在功率 S_c/(kV·A)	计算电流 I_c/A
1	水 泵	14	2 170	0.70	0.60				
2	照 明		20	1.00	0.85				

2. 供电电源情况

该扬水站由电业部门一条6 kV专用架空线路供电,如图1所示。最大运行方式下6 kV电源进线首端短路容量为250 MV·A,最小运行方式下6 kV电源进线首端短路容量为 200 MV·A。

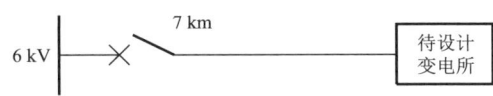

图 1　待设计专用供电线路和变电所

3. 供电部门对本厂提出的技术要求

① 6 kV 专用架空进线定时限过流保护装置的整定时间为 1.5 s,该变电所保护动作时限不大于 1 s;② 计量点设在供电部门 6 kV 高压馈线首端;③ 本厂的功率因数应在 0.90 以上。

该厂所在地区的气象条件、地质水文资料和电费制度与第 7 章设计示例相同。

设计题目 2　某化纤毛纺织厂 10 kV 开闭所及变/配电系统设计

1. 生产任务及车间组成

(1) 本厂产品及生产规模。

本厂为万锭精梳化纤毛织染整联合厂,全部生产化纤产品,全年生产能力为 230×10^4 m,其中厚织物占 50%,中厚织物占 30%,薄织物占 20%,全部产品中以腈纶为主体的混纺物占 60%,以涤纶为主体的混纺物占 40%。

(2) 本厂车间组成。

本厂设有一个主厂房,其中有制条车间、纺纱车间、织造车间、染整车间等四个生产车间,设备选型全部采用我国最新定型设备。除上述车间外,还有辅助车间及其他设施。

2. 设计依据

(1) 全厂各车间负荷情况。

全厂多数车间为三班工作制,少数车间为一班或两班工作制。全年为 306 个工作日,年最大负荷利用小时数为 6 000 h,属于二级负荷。负荷用电电压等级为 0.4 kV,各车间负荷情况见表 1。

表 1　各车间负荷情况

序号	车间或用电单位名称	设备容量 $\sum P_e$/kW	功率因数 $\cos\varphi$	需要系数 K_d	计算有功功率 P_c/kW	计算无功功率 Q_c/kW	计算视在功率 S_c/(kV·A)	计算电流 I_c/A
(1) N_{01} 变电所								
1	制条车间	340	0.80	0.80				
2	纺纱车间	340	0.80	0.80				
3	软水站	86.1	0.80	0.65				
4	锻工车间	36.9	0.65	0.30				
5	机修车间	296.2	0.50	0.30				
6	托儿所、幼儿园	12.8	0.60	0.60				
7	仓　库	37.96	0.50	0.30				

续表

序号	车间或用电单位名称	设备容量 $\sum P_e$/kW	功率因数 $\cos\varphi$	需要系数 K_d	计算有功功率 P_c/kW	计算无功功率 Q_c/kW	计算视在功率 S_c/(kV·A)	计算电流 I_c/A
(2) N_{02} 变电所								
1	织造车间	525	0.80	0.80				
2	染整车间	490	0.80	0.80				
3	浴室、理发室	1.88	1.00	0.80				
4	食 堂	20.63	0.80	0.75				
5	单身宿舍	20	1.00	0.80				
(3) N_{03} 变电所								
1	锅炉房	151	0.80	0.75				
2	水泵房	118	0.80	0.75				
3	化验室	50	0.80	0.75				
4	卸油泵房	28	0.80	0.75				

注：厂区配电电压 10 kV，N_{01} 和 N_{02} 变电所各设一台变压器，N_{03} 变电所由本设计确定。

(2) 供电电源情况。

工厂电源从电业部门某 35/10 kV 变电所，用 10 kV 双回架空线引入本厂，该变电所在厂南侧 0.5 km。系统最大运行方式下电源 10 kV 母线短路容量为 300 MV·A，最小运行方式下电源 10 kV 母线短路容量为 200 MV·A。

(3) 电业部门对本厂提出的技术要求。

① 区域变电所 10 kV 配出线路定时限过流保护装置的整定时间为 1.7 s，工厂"总变"不应大于 1.2 s；② 在总配电所 10 kV 侧进行计量；③ 本厂的功率因数应在 0.90 以上。

该厂所在地区的气象条件、地质水文资料、电费制度与第 7 章设计示例相同。

设计题目 3 某塑料制品厂 10 kV 开闭所及变/配电系统设计

1. 生产任务及车间组成

(1) 本厂产品及生产规模。

本厂年产万吨聚乙烯及烃塑料制品，产品品种有薄膜、单丝、管材和注塑等制品，其原料来源于某石油化纤总厂。

(2) 本厂车间组成。

本厂设有薄膜、单丝、管材和注塑等四个车间，设备选型全部采用我国最新定型设备，此外还有辅助车间及其他设备。

2. 设计依据

(1) 全厂各车间负荷情况。

多数车间为三班工作制，少数车间为一班或两班工作制，年最大负荷利用小时数为 5 000 h，属于三级负荷。负荷用电电压等级为 0.4 kV，各车间负荷情况见表 1。

表 1　各车间负荷情况

序号	车间或用电单位名称	设备容量 $\sum P_e$/kW	功率因数 $\cos\varphi$	需要系数 K_d	计算有功功率 P_c/kW	计算无功功率 Q_c/kvar	计算视在功率 S_c/(kV·A)	计算电流 I_c/A
(1) N_{01}变电所								
1	薄膜车间	1 400	0.60	0.60				
2	原料库	30	0.50	0.25				
3	生活间	10	1.00	0.80				
4	成品库(一)	25	0.50	0.30				
5	成品库(二)	24	0.50	0.30				
6	包装材料库	20	0.50	0.30				
(2) N_{02}变电所								
1	单丝车间	1 385	0.60	0.60				
2	水泵房及其附属设备	20	0.80	0.65				
(3) N_{03}变电所								
1	注塑车间	189	0.60	0.60				
2	管材车间	880	0.60	0.35				
(4) N_{04}变电所								
1	备料复制车间	138	0.50	0.60				
2	生活间	10	1.00	0.80				
3	锻工车间	3	1.00	0.80				
4	成型车间	30	0.65	0.30				
5	原料间	15	1.00	0.80				
6	仓 库	15	0.50	0.30				
7	机修模具车间	100	0.65	0.25				
8	热处理车间	150	0.70	0.60				
9	铆焊车间	180	0.50	0.30				
(5) N_{05}变电所								
1	锅炉房	200	0.75	0.75				
2	试验室	125	0.50	0.25				
3	辅助材料库	110	0.50	0.20				
4	油泵房	15	0.80	0.65				
5	加油站	10	0.80	0.65				
6	办公楼、招待所、食堂	15	0.60	0.60				

注：厂区配电电压 10 kV，N_{03}和 N_{04}变电所设置一台变压器，其余皆设置两台变压器。

(2) 供电电源情况。

工厂电源从电业部门某 110/10 kV 变电所,用 10 kV 架空线引入本厂,该变电所在厂南侧 1 km 处;电业部门变电所 10 kV 母线短路容量为 300 MV·A。

(3) 电业部门对本厂提出的技术要求。

① 区域变电所 10 kV 配出线路定时限过流保护装置的整定时间为 2.5 s,工厂"总变"不应大于 2 s;② 在总配电所 35 kV 侧进行计量;③ 本厂的功率因数应在 0.90 以上。

(4) 气象资料。

本厂所在地区年最高温度为 35 ℃,土壤中 0.7~1 m 深处一年中最热月平均温度为 20 ℃,年雷暴日为 30 天,土壤冻结深度为 1.10 m,夏季主导风向为南风。

(5) 地质水文资料。

本厂所在地区地表面比较平坦,土壤主要成分为积土及砂质黏土,层厚为 1.6~7 m 不等,地下水位一般为 0.7 m,地耐压力为 20 t/m²。

(6) 电费制度。

电费制度同第 7 章设计示例。

设计题目 4　某重型机械厂 10 kV 开闭所及变/配电系统设计

1. 全厂各车间负荷情况

本厂为一班或三班工作制,年最大负荷利用小时数为 6 000 h,属于二级负荷。总配电所以辐射线路向全厂各车间供电,负荷用电电压等级为 0.4 kV。各车间设备容量及技术参数见表 1。

表 1　各车间负荷情况

序号	车间或用电单位名称	设备容量 $\sum P_e$/kW	照明容量 $\sum P_e$/kW	功率因数 cos φ (设备/照明)	需要系数 K_d (设备/照明)	计算有功功率 P_c/kW	计算无功功率 Q_c/kvar	计算视在功率 S_c/(kV·A)	计算电流 I_c/A
1	金工车间	940	7	0.65/1.00	0.30/0.90				
2	铸造车间 1	1 100	6	0.70/1.00	0.40/0.90				
3	铸造车间 2	900	5	0.70/1.00	0.40/0.90				
4	工具车间	350	6	0.65/1.00	0.30/0.90				
5	锻压车间	1 300	6	0.65/1.00	0.30/0.90				
6	锅炉房	300	3	0.80/1.00	0.75/0.90				
7	空压机站	300	1	0.75/1.00	0.85/0.90				

注:厂区配电电压 10 kV,每个车间设一个车间变电所,锅炉房和空压机站设一个变电所供电。

2. 供电电源情况

从电业部门某 35/10 kV 变电所用 10 kV 双架空线路向本厂供电,该变电所距离本厂东北 10 km。系统最大运行方式下电源 10 kV 母线短路容量为 220 MV·A,最小运行方式下电源 10 kV 母线短路容量为 170 MV·A。

3. 电业部门对本厂提出的技术要求

① 区域变电所 35 kV 配出线路定时限过流保护装置的整定时间为 2 s,工厂"总变"不应大于 1.5 s,要求各配电所不大于 1 s;② 在总配电所 10 kV 侧进行计量;③ 本厂的功率因数应在 0.90 以上。

该厂所在地区的气象条件、地质水文资料、电费制度与第 7 章设计示例相同。

设计题目 5　某机械厂 10 kV 开闭所及车间变电所设计

1. 全厂各车间负荷情况

本厂为一班工作制,年最大负荷利用小时数为 6 000 h,属于二级负荷。各车间设备容量及技术厂区配电电压为 10 kV,负荷用电电压等级为 0.4 kV。各车间负荷情况见表 1。

表 1　各车间 380 V 设备容量及技术参数

序号	车间或用电单位名称	设备容量 $\sum P_e$/kW	功率因数 $\cos\varphi$	需要系数 K_d	计算有功功率 P_c/kW	计算无功功率 Q_c/kvar	计算视在功率 S_c/(kV·A)	计算电流 I_c/A
1	大金工车间	440.6	0.55~0.65	0.20				
	小金工车间	508.8	0.55~0.65	0.20				
	热处理车间	712.5	0.65~0.7	0.40				
2	焊接车间	256(kV·A)($\varepsilon_N=65\%$)	0.52	0.25				
	锻工车间	284.0	0.55~0.65	0.20				
	铸工车间	142.8	0.7	0.35				
	修理车间	77.5	0.65	0.20				
	废铁处理车间	79.6	0.68	0.45				
3	产品试验站	102.2	0.8	0.40				
	锅炉房	106.4	0.8	0.65				
	水泵房	87.2	0.75	0.60				
	办公区	25.7	0.9	0.60				
	生活福利区	42.4	0.9	0.60				

2. 供电电源情况

本厂由相距 5 km 远的电业部门某 35/10 kV 变电所用 10 kV 双架空线路供电。系统最大运行方式下上级电业部门 10 kV 母线短路容量为 220 MV·A,最小运行方式下上级电业部门 10 kV 短路容量为 170 MV·A。

3. 电业部门对本厂提出的技术要求

① 区域变电所 10 kV 配出线路定时限过流保护装置的整定时间为 2 s,工厂"总变"不应

大于 1.5 s;② 在总配变电所 10 kV 侧进行计量;③ 本厂的功率因数应在 0.90 以上。

该厂所在地区的气象条件、地质水文资料、电费制度与第 7 章设计示例相同。

设计题目 6 某机床厂 10 kV 变电所设计

1. 全厂各车间负荷情况

本厂有金工车间(600 m^2)、装配车间(500 m^2)、铸工车间(400 m^2)、仓库(300 m^2)及堆场(500 m^2)、办公楼等,厂区总面积(500×400) m^2,按三班制生产,全年工作时间为 7 000 h,年最大负荷利用小时数为 6 000 h,属于三级负荷。负荷用电电压等级为 0.4 kV,各车间负荷情况见表 1。

表 1 各车间负荷情况

序号	车间或用电单位名称		台数	设备容量 $\sum P_e$/kW	功率因数 $\cos \varphi$	需要系数 K_d	计算有功功率 P_c/kW	计算无功功率 Q_c/kvar	计算视在功率 S_c/(kV·A)	计算电流 I_c/A
1	金工车间	车床	27	2.8	0.60	0.25				
2		镗床	2	14	0.60	0.25				
3		磨床	3	7	0.60	0.25				
4		大立车	3	22	0.60	0.25				
5		牛头刨	2	4.5	0.60	0.25				
6		龙门刨	1	28	0.60	0.25				
7		行车	1	9(ε_N=15%)	0.50	0.10				
8		行车	2	5(ε_N=25%)	0.50	0.10				
9		通风机	2	4.5(吸尘用)	0.80	0.80				
10	装配车间	冲床、剪床	4	17	0.60	0.25				
11		锯床	6	1.7	0.60	0.25				
12		砂轮床	4	1.0	0.60	0.25				
13		钻床	10	1.5	0.60	0.25				
14		通风机	2	2.8	0.85	0.80				
15		行车	1	24.2(ε_N%=25%)	0.76	0.20				
16		行车	1	5.1(ε_N%=15%)	0.76	0.20				
17		交流焊机	3	22 (kV·A) (ε_N%=65%)	0.50	0.50				
18		直流焊机	2	14(ε_N%=100%, η_e=88%)	0.70	0.50				
19		空压机	3	320	0.75	0.70				

续表

序号	车间或用电单位名称	台数	设备容量 $\sum P_e/\text{kW}$	功率因数 $\cos\varphi$	需要系数 K_d	计算有功功率 P_c/kW	计算无功功率 Q_c/kvar	计算视在功率 $S_c/(\text{kV}\cdot\text{A})$	计算电流 I_c/A
20	电炉变压器	1	420(kV·A)($\cos\varphi_e=0.8$)	0.65	0.40				
21	铸工车间 通风机	2	3	0.80	0.85				
22	造型机	3	3.2	0.60	0.40				
23	消砂机	4	4.5	0.60	0.40				
24	鼓风机	3	7	0.80	0.50				
25	行车	2	23.2($\varepsilon_N\%=40\%$)	0.75	0.20				
26	电葫芦	3	1.1	0.80	0.35				
27	仓库及堆场 运输机械	4	4.5	0.50	0.30				
28	排水泵	2	7.5	0.85	0.60				
29	堆场照明	2	1(卤钨灯)	0.50	0.50				
30	一般照明	50	0.1(白炽灯)	1.00	1.00				
31	打包机	2	1.7	0.65	0.30				
32	打包机	1	4.5	0.80	0.30				
33	打包机	2	2.8	0.72	0.30				
34	食堂动力	12	15(以食品加工机械为主)	0.75	0.80				

2. 供电电源情况

本厂由电业部门某 35/10 kV 变电所用 1 回 20 km 的 10 kV 架空线路供电,全厂建一个 10/0.4-0.23 kV 变电所。系统为无限大系统,最大运行方式下电业部门 10 kV 母线短路容量为 210 MV·A,最小运行方式下电业部门 10 kV 母线短路容量为 180 MV·A。

3. 电业部门对本厂提出的技术要求

① 区域变电所 10 kV 供电线路定时限过流保护装置的整定时间为 1.5 s,工厂"总变"不应大于 1 s;② 在总变电所 10 kV 侧进行计量;③ 本厂的功率因数应在 0.90 以上。

该厂所在地区的气象条件、地质水文资料、电费制度与第 7 章设计示例相同。

设计题目 7　某机械加工厂 10 kV 开闭所及变/配电系统设计

1. 全厂各车间负荷情况

本厂为一班工作制,属于三级负荷。负荷用电电压等级为 0.4 kV,负荷情况见表 1。

表 1 供电设备的负荷情况

序号	车间或用电单位名称	设备容量 $\sum P_e$/kW	数量/台	功率因数 $\cos\varphi$	需要系数 K_d	计算有功功率 P_c/kW	计算无功功率 Q_c/kvar	计算视在功率 S_c/(kV·A)	计算电流 I_c/A
1	普通车床	3.24	1	0.50	0.20				
2	普通车床	4	2	0.50	0.20				
3	普通车床	4.625	2	0.50	0.20				
4	普通车床	4.125	7	0.50	0.20				
5	普通车床	7.96	2	0.50	0.20				
6	普通车床	7.625	2	0.50	0.20				
7	普通车床	4.1	8	0.50	0.20				
8	螺栓套丝机	3.125	1	0.50	0.10				
9	铣端面钻中心孔机床	13.325	1	0.60	0.20				
10	回轮式六角车床	4.04	1	0.60	0.20				
11	管螺纹车床	7.925	1	0.60	0.20				
12	普通车床	7.84	1	0.50	0.20				
13	普通车床	11.225	2	0.50	0.20				
14	普通车床	7.5	2	0.50	0.20				
15	普通车床	7.84	1	0.50	0.20				
16	普通车床	10.425	2	0.50	0.20				
17	普通车床	7.5	2	0.50	0.20				
18	普通车床	5.75	1	0.50	0.20				
19	普通车床	10.425	7	0.50	0.20				
20	转塔式六角车床	13.93	1	0.60	0.20				
21	单自动转塔车床	13	1	0.60	0.20				
22	普通车床	12.16	3	0.50	0.20				
23	普通车床	12.19	1	0.50	0.20				
24	普通车床	12.19	1	0.50	0.20				
25	普通车床	23.65	1	0.50	0.20				
26	单柱立式车床	31.7	1	0.50	0.20				
27	双柱立式车床	70.7	1	0.50	0.20				
28	龙门刨床	60	1	0.50	0.20				
29	单臂刨床	67.75	1	0.50	0.20				
30	落地车床	32.8	1	0.50	0.20				
31	龙门铣床	58	1	0.50	0.20				
32	卧式锁床	14.2	1	0.50	0.20				
33	卧式锁床	9.2	2	0.50	0.20				
34	插床	9.125	1	0.50	0.20				

续表

序号	车间或用电单位名称	设备容量 $\sum P_e$/kW	数量/台	功率因数 $\cos\varphi$	需要系数 K_d	计算有功功率 P_c/kW	计算无功功率 Q_c/kvar	计算视在功率 S_c/(kV·A)	计算电流 I_c/A
35	牛头刨床	8.25	4	0.50	0.20				
36	牛头刨床	8.25	2	0.50	0.20				
37	插床	4.16	1	0.50	0.20				
38	插床	3	1	0.50	0.20				
39	摇臂钻床	5.34	1	0.50	0.20				
40	摇臂钻床	11.39	1	0.50	0.20				
41	摇臂钻床	8.625	1	0.50	0.20				
42	摇臂钻床	1.5	1	0.50	0.20				
43	圆柱立式钻床	3.125	2	0.60	0.30				
44	卧升降式台铣床	15	1	0.60	0.30				
45	万能回转头铣床	9.125	1	0.60	0.30				
46	万能降式台铣床	9.125	1	0.60	0.30				
47	万能降式台铣床	5.225	1	0.60	0.30				
48	卧升降式台铣床	5.4	1	0.60	0.30				
49	万能铣床	17.175	1	0.60	0.30				
50	立升降式台铣床	13.128	1	0.60	0.30				
51	立升降式台铣床	9.125	1	0.60	0.30				
52	锥齿轮刨齿机	4.625	1	0.60	0.30				
53	滚齿机	7.27	1	0.60	0.20				
54	插齿机	9.5	1	0.60	0.20				
55	弧齿锥齿铣床	5.65	1	0.60	0.20				
56	滚齿机	17.4	1	0.60	0.20				
57	卧轴矩台平面磨床	24.14	1	0.60	0.20				
58	精密轴矩台平面磨床	7.672	1	0.60	0.20				
59	外圆磨床	19.8	1	0.60	0.20				
60	万能工具磨床	1.6	1	0.60	0.20				
61	内圆磨床	4.725	1	0.60	0.20				
62	内圆磨床	8.55	1	0.60	0.20				
63	万能外圆磨床	9.525	2	0.60	0.20				
64	牛头刨床	3	2	0.60	0.20				
65	虎钳		1	0.60	0.25				
66	钳式桌		1	0.60	0.25				
67	台式钻床	0.6	2	0.60	0.20				
68	砂轮机	1.5	3	0.60	0.20				
69	砂轮机	3	3	0.60	0.20				

2.供电电源情况

该加工厂由上一级变电所经 10 km 长的 10 kV 架空线路供电,架空线路首端断路器的开断容量为 $S_{oc}=300$ MV·A,供电情况如图 1 所示。

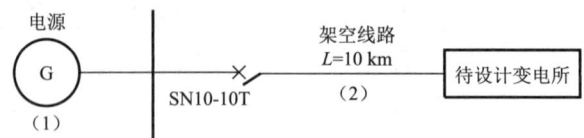

图 1 该厂供电情况

3.电业部门对本厂提出的技术要求

① 地方变电所 10 kV 供电线路定时限过流保护装置的整定时间为 1.5 s,工厂变压器保护时限不应大于 1 s;② 在变电所 10 kV 侧进行计量;③ 本厂的功率因数应在 0.90 以上。

该厂所在地区的气象条件、地质水文资料、电费制度与第 7 章设计示例相同。

设计题目 8 某冶金机械修造厂 35 kV 总降压变电所及配电系统设计

1.生产任务及车间组成

(1) 本厂产品及生产规模。

本厂主要承担全国冶金工业系统矿山、冶炼和轧钢设备的配件生产,即以生产铸造、锻造、铆焊、毛坯件为主体,生产规模为:铸钢件 10 000 t、铸铁件 3 000 t、锻件 1 000 t、铆焊件 2 500 t。

(2) 本厂车间组成。

① 铸钢车间;② 铸铁车间;③ 锻造车间;④ 铆焊车间;⑤ 成型车间及成型库;⑥ 机修车间;⑦ 砂库;⑧ 制材场;⑨ 空压站;⑩ 锅炉房;⑪ 综合楼;⑫ 水塔;⑬ 水泵房;⑭ 污水提升站等。

2.设计依据

(1) 全厂各车间负荷情况。

本厂为三班工作制,年最大负荷利用小时数为 6 000 h,属于二级负荷。用电电压等级为 0.4 kV 的各车间负荷见表 1,6 kV 高压负荷见表 2。

表 1 各车间负荷

序号	车间或用电单位名称	设备容量 $\sum P_e$/kW	功率因数 $\cos\varphi$	需要系数 K_d	计算有功功率 P_c/kW	计算无功功率 Q_c/kW	计算视在功率 S_c/(kV·A)	计算电流 I_c/A
(1) N_{01} 变电所								
1	铸钢车间	2 000	0.65	0.40				
(2) N_{02} 变电所								
1	铸铁车间	1 000	0.70	0.40				
2	砂库	110	0.60	0.70				

续表

序号	车间或用电单位名称	设备容量 $\sum P_e/\text{kW}$	功率因数 $\cos\varphi$	需要系数 K_d	计算有功功率 P_c/kW	计算无功功率 Q_c/kW	计算视在功率 $S_c/(\text{kV}\cdot\text{A})$	计算电流 I_c/A
(3) N_{03}变电所								
1	铆焊车间	1 200	0.85	0.30				
2	1#水泵房	28	0.80	0.75				
(4) N_{04}变电所								
1	空压站	390	0.75	0.85				
2	机修车间	150	0.65	0.25				
3	锻造车间	220	0.55	0.30				
4	成型车间	185.85	0.60	0.35				
5	制材场	20	0.60	0.28				
6	综合楼	20	1.00	0.90				
(5) N_{05}变电所								
1	锅炉房	300	0.80	0.75				
2	2#水泵房	28	0.80	0.75				
3	仓库(1,2)	88.12	0.65	0.30				
4	污水提升站	14	0.80	0.65				

表2 各车间6 kV电压负荷情况

序号	车间或用电单位名称	设备容量 $\sum P_e/\text{kW}$	功率因数 $\cos\varphi$	需要系数 K_d	计算有功功率 P_c/kW	计算无功功率 Q_c/kW	计算视在功率 $S_c/(\text{kV}\cdot\text{A})$	计算电流 I_c/A
1	电弧炉	2×1 250	0.87	0.90				
2	工频炉	2×300	0.90	0.80				
3	空压机	2×250	0.85	0.85				

注:除N_{01}和N_{02}车间变电所设置两台变压器外,其余设置一台变压器。

(2)供电电源的情况。

工厂电源从电业部门某220/35 kV变电所,用35 kV双回架空线引入本厂,其中一个作为工作电源,另一个作为备用电源,两个电源不并列运行。该变电所距厂东侧8 km。系统最大运行方式短路容量为400 MV·A,最小运行方式短路容量为275 MV·A。

(3)电业部门对本厂提出的技术要求。

① 区域变电所35 kV配出线路定时限过流保护装置的整定时间为2 s,工厂"总变"不应大于1.5 s;② 在总降压变电所35 kV侧进行计量;③ 本厂的功率因数应在0.90以上。

(4)气象资料。

本厂所在地区年最高温度为38 ℃,年平均气温为23 ℃,年最低气温为−8 ℃,年最热月平均最高气温为 33 ℃,年最热月平均温度为 26 ℃,年最热月地下 0.8 m 处平均温度为 25 ℃。当地主导风为东北风,年雷暴日数为 20 天。

(5) 地质水文资料。

本厂所在地区平均海拔 500 m,地层以砂质黏土为主,地下水位为 2 m。

(6) 电费制度。

本厂与当地供电部门达成协议,在工厂变压所高压侧计量电能,设专用计量柜,按两部电费制交纳电费。每月基本电费按主变压器容量计为 26 元/(kV·A)。工厂最大负荷时的功率因数不得低于 0.90。

设计题目 9 某厂 35 kV 总变电所和车间变电所设计

1. 全厂各车间负荷情况

本厂为三班工作制,年最大负荷利用小时数为 6 000 h,属于二级负荷。厂区配电电压 10 kV,各设备用电电压等级为 0.4 kV,各车间变电所负荷与技术参数见表 1。

表 1 各车间变电所负荷情况

(1) N_{01} 变电所

序号	车间或用电单位名称	台数	设备容量 $\sum P_e$/kW	功率因数 $\cos \varphi$	需要系数 K_d	计算有功功率 P_c/kW	计算无功功率 Q_c/kvar	计算视在功率 S_c/(kV·A)	计算电流 I_c/A
1	车床	5	18	0.65	0.16				
2	高频加热设备	1	100	0.70	0.60				
3	通风机	6	4	0.80	0.85				
4	点焊机($\varepsilon_N=25\%$)	5	18	0.60	0.70				

(2) N_{02},N_{03},N_{04} 变电所

序号	车间或用电单位名称	设备容量 $\sum P_e$/kW	功率因数 $\cos \varphi$	需要系数 K_d	计算有功功率 P_c/kW	计算无功功率 Q_c/kvar	计算视在功率 S_c/(kV·A)	计算电流 I_c/A
1	变电所 2	850	0.86	0.52				
2	变电所 3	1 250	0.93	0.32				
3	变电所 4	560	0.83	0.57				

2. 供电电源情况

工厂东南侧 8 km 处有一座 110/35/10 kV 变电所,以 35 kV 双回架空线路为本厂供电。厂总变电所以 10 kV 辐射线路向全厂各车间变电所供电。系统最大运行方式时 35 kV 侧短路容量为 210 MV·A,最小运行方式时 35 kV 侧短路容量为 190 MV·A。

3. 电业部门对本厂提出的技术要求

① 区域变电所 35 kV 配出线路定时限过流保护装置的整定时间为 2 s,工厂"总变"不应大于 1.5 s;② 在总变电所 35 kV 侧进行计量;③ 本厂的功率因数应在 0.90 以上。

该厂所在地区的气象条件、地质水文资料和电费制度与第7章设计示例相同。

设计题目10　某厂 35 kV 总变电所及配电系统设计(1)

1. 设计基础资料

本厂产品及用电单耗见表1。

表1　本厂产品及用电单耗

产　品	产量/套	单位质量/(kg·套$^{-1}$)	单位耗电量/[(kW·h)·kg^{-1}]	年耗电量/(kW·h)
大　型	3 600	300	1	90
中　型	100 000	20.5	5	1 025
小　型	10 000	0.35	10	35
共　计				1 150

2. 设计依据

(1) 该厂负荷情况。

工厂为两班工作制,全年工作时数为 4 500 h,年最大负荷利用小时数为 4 000 h。除空压站、煤气房、锅炉房部分设备为二级负荷外,其余均为三级负荷。负荷用电电压等级为 0.4 kV,全厂负荷情况见表2。

表2　全厂负荷情况

序号	车间或用电单位名称	设备台数 n	设备容量 $\sum P_e$/kW	功率因数 $\cos\varphi$	需要系数 K_d	计算有功功率 P_c/kW	计算无功功率 Q_c/kvar	计算视在功率 S_c/(kV·A)	计算电流 I_c/A
1	一车间	70	1 419	0.93	0.30				
2	二车间	177	2 223	0.82	0.30				
3	三车间	194	2 511	0.82	0.30				
4	锻工车间	37	1 755	0.96	0.20				
5	工具、机修车间	81	1 289	0.92	0.20				
6	锅炉房		500	0.80	0.30				
7	空压站		300	0.80	0.30				
8	煤气站		300	0.80	0.30				

(2) 供电电源情况。

工厂东北方向 6 km 处有一个 110/35 kV 地区降压变电所,以 35 kV 一回架空线向工厂供电,作为工厂的主电源。此处正北方向由其他工厂引入 10 kV 电缆作为备用电源,平时不准投入,只有在该厂的主供电源发生故障或检修时提供照明及部分重要负荷用电,输送容量不得超过 1 000 kV·A。系统最大运行方式下 35 kV 侧短路容量为 1 000 MV·A,最小运行方式下 35 kV 侧短路容量 500 MV·A。

(3) 电业部门对本厂提出的技术要求。

① 电业部门的 35 kV 架空线进线定时限过流保护装置的整定时间为 2 s,该变电所保护动作时限不大于 1.5 s;② 在总变电所 10 kV 侧进行计量;③ 本厂的功率因数应在 0.95 以上。

(4) 电费制度。

采用两部制电价。变压器安装容量费用为 4 元/(kV·A·月),当供电电压为 35 kV 时,电价为 0.55 元/(kW·h);当供电电压为 10 kV 时,电价为 0.83 元/(kW·h)。

该厂所在地区的气象条件、地质水文资料、电费制度与第 7 章设计示例相同,厂区平面图和各变电所位置如图 1 所示。

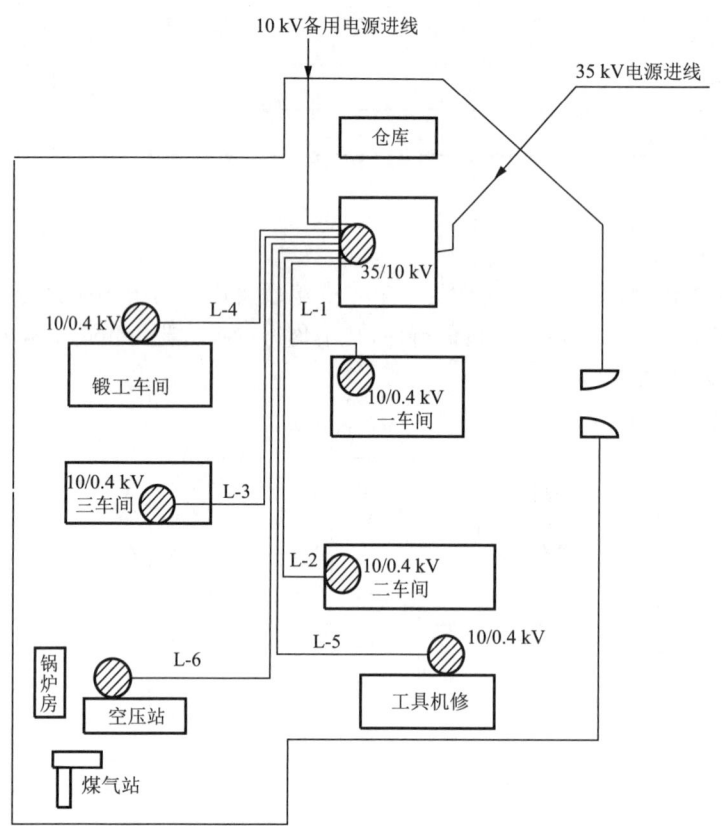

图 1 厂区平面图

设计题目 11　某厂 35 kV 总变电所及配电系统设计(2)

1. 全厂各车间负荷情况

厂区平面布置情况如图 1 所示。本厂绝大部分用电设备均属长期连续负荷,要求不间断供电。停电时间超过 2 min 就将造成产品报废;停电时间超过 0.5 h,主要设备将会损坏;全厂停电将造成严重经济损失,故主要车间及辅助设施均为一

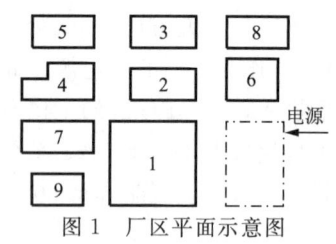

图 1 厂区平面示意图

级负荷。本厂为三班工作制,全年工作时数为 8 760 h,年最大负荷利用小时数为 5 600 h。负荷用电电压等级为 0.4 kV,各车间负荷情况见表 1。

表 1 全厂各车间负荷统计表

序号	车间或用电单位名称	负荷等级	设备容量 $\sum P_e$ /kW	功率因数 $\cos\varphi$	需要系数 K_d	计算有功功率 P_c/kW	计算无功功率 Q_c/kvar	计算视在功率 S_c/(kV·A)	计算电流 I_c/A
1	空气压缩车间	一级	1 560	0.75	0.50				
2	熔制成型（模具）车间	一级	1 400	0.65	0.40				
3	熔制成型（熔制）车间	一级	1 967	0.60	0.30				
4	后加工（磨抛）车间	一级	1 625	0.60	0.40				
5	后加工（封接）车间	一级	1 120	0.75	0.50				
6	配料车间	一级	1 200	0.65	0.30				
7	锅炉房	一级	600	0.80	0.70				
8	厂区其他负荷（一）	二级～三级	570	0.80	0.70				
9	厂区其他负荷（二）	二级～三级	630	0.75	0.70				

2.供电电源情况

本厂拟由距其 15 km 处的 A 变电站接一回架空线路供电,供电电压等级由用户选用 35 kV 或 10 kV 的一种电压供电。A 变电站 110 kV 母线短路容量为 1 918 MV·A,基准容量为 1 000 MV·A,A 变电站安装两台 SFSLZ$_1$-31 500 kV·A/110 kV 三卷变压器,其短路电压 $u_{高-中}$=10.5%,$u_{高-低}$=17%,$u_{低-中}$=6%。最大运行方式按 A 变电站两台变压器并列运行考虑,最小运行方式按 A 变电站两台变压器分列运行考虑。拟由 B 变电站接一回架空线作为备用电源。系统要求只有在工作电源停电时,才允许备用电源供电。

3.电业部门对本厂提出的技术要求

① 地方变电所 35 kV 配出线路定时限过流保护装置的整定时间为 2 s,工厂"总变"保护时限不应大于 1.5 s。② 在总变电所高压侧进行计量。③ 供电部门对本厂功率因数要求为:当以 35 kV 供电时,$\cos\varphi$>0.95;当以 10 kV 供电时,$\cos\varphi$=0.95。

该厂所在地区的气象条件、地质水文资料、电费制度与第 7 章设计示例相同。

设计题目 12　110 kV 变电所设计(1)

根据某城市负荷分布,电力系统规划需建一座 110/35/10 kV 变电所。

1. 系统情况及参数

110 kV 系统近似为无穷大系统，选取基准容量 $S_j = 100$ MV·A 和基准电压 $U_j = U_{av}$，系统电抗标幺值为 0.15。

2. 线路回数及负荷情况

(1) 110 kV 系统侧出线 4 回，其中两路出线为转供负荷。转供负荷约为 30 MW，功率因数为 0.85，同时系数为 0.90，这部分负荷不经过变压器。

(2) 35 kV 系统侧出线 6 回，均为电缆线路，对侧有电源。同时系数为 0.90，年最大负荷利用小时数取 $T_{max} = 4\,500$ h，预计 5 年内大约还有 12 MW 的新增负荷。

① 1#，2# 线长 25 km，最大负荷 6 000 kW，功率因数 0.80；
② 3# 线长 18 km，最大负荷 9 000 kW，功率因数 0.85；
③ 4# 线长 23 km，最大负荷 7 500 kW，功率因数 0.90；
④ 5# 线长 21 km，最大负荷 8 000 kW，功率因数 0.80；
⑤ 6# 线长 23 km，最大负荷 7 000 kW，功率因数 0.80。

说明：其中 3#，4# 出线要求双回路供电。

(3) 10 kV 系统侧出线 10 回，均为电缆线路，对侧无电源。同时系数为 0.85，年最大负荷利用小时数取 $T_{max} = 4\,000$ h，预计 5 年内还有 8 MW 的新增负荷。

① 1#—4# 出线，均为电缆线路，长 8 km，最大负荷 4 500 kW，功率因数 0.80；
② 5#—6# 出线，均为电缆线路，长 12 km，最大负荷 3 000 kW，功率因数 0.80；
③ 7#—10# 出线，均为电缆线路，长 10 km，最大负荷 2 000 kW，功率因数 0.85。

说明：其中 5#，6# 出线为一级负荷，要求双回路供电。

(4) 变电所自用电负荷(0.4 kV)。

① 主变风扇 0.4 kW，48 台，功率因数 0.85，经常、连续；
② 主充电机 20 kW，11 台，功率因数 0.85，不经常、连续；
③ 浮充电机 4.2 kW，11 台，功率因数 0.85，经常、连续；
④ 生活水泵 4.5 kW，22 台，功率因数 0.85，经常、短时；
⑤ 电焊机 15 kW，11 台，功率因数 0.60，不经常、断续，暂载率为 $\varepsilon_N\% = 50\%$；
⑥ 检修用电 5 kW，功率因数 0.60，不经常、短时；
⑦ 生活区用电 19 kW，功率因数 0.60，不经常、连续；
⑧ 照明负荷 14 kW，功率因数 0.60，经常、连续。

设计题目 13　110 kV 变电所设计(2)

某县城为满足工业、农村和城镇地区经济的快速发展，新建 110 kV 区域终端变电所，电压等级为 110/35/10 kV。

1. 系统情况及参数

本变电所的两路电源分别来自无限大容量系统和地方发电厂，无限大容量系统经 60 km 的 110 kV 线路给本变电所供电，地方发电厂经 80 km 的 110 kV 线路给本变电所供电。选择基准值 $S_j = 100$ MV·A，$U_j = U_{av}$，无限大容量系统的短路电抗最大运行方式下为 0.05，最小运行方式下为 0.06，发电厂的短路电抗最大运行方式下为 0.095，最小运行方式下为 0.19。

2.线路回数及负荷情况

(1) 110 kV 侧出线 4 回,其中 2 回转供负荷,转供负荷约为 40 MW,功率因数为 0.95,同时系数为 0.90,这部分负荷不经过变压器。

(2) 35 kV 侧出线共 8 回。

(3) 10 kV 侧出线共 16 回。

35 kV 和 10 kV 的负荷情况见表 1 和表 2。

表 1　35 kV 用户负荷统计资料

电压/kV	负荷名称	回路数	供电方式	每回线长度/km	有功功率/kW	功率因数 $\cos\varphi$
35	城关变电所	1	电缆	25	8 855	0.85
35	柳河变电所	1	电缆	32	8 858	0.85
35	张工变电所	2	电缆	26	5 312	0.85
35	罗岗变电所	2	架空	35	6 430	0.85
35	宁华制衣厂	2	电缆	28	6 450	0.85

表 2　10 kV 用户负荷统计资料

电压/kV	负荷名称	回路数	供电方式	每回线长度/km	有功功率/kW	功率因数 $\cos\varphi$
10	华堡配电站	2	电缆	15	2 153	0.80
10	刘楼配电站	1	电缆	12	1 770	0.85
10	城郊配电站	1	电缆	16	1 607	0.80
10	程楼配电站	1	架空	5	1 770	0.85
10	桥楼配电站	2	电缆	15	2 143	0.85
10	宁陵一中	2	电缆	11	885	0.83
10	人民医院	2	电缆	10	1 071	0.84
10	宏顺化工	2	架空	16	886	0.81
10	炼油厂	2	电缆	13	1 608	0.80
10	万家超市	1	电缆	8	1 328	0.85

设计题目 14　110 kV 变电所设计(3)

某油田根据油气生产需建一座 110/35/10 kV 变电所。

1.系统情况及参数

110 kV 系统视为无穷大系统,距离本站 65 km,线路阻抗按 0.4 Ω/km 计算。

2.线路回数及负荷情况

(1) 110 kV 侧出线 4 回,其中 2 回转供负荷,转供负荷约为 20 000 kV·A,母线最大负荷为 75 000 kV·A,功率因数为 0.80。

(2) 35 kV 侧出线 4 回,线路长度分别为 28 km,30 km,23 km,25 km,均为架空线路,

每回出线负荷均为 8 000 kV·A,功率因数为 0.80,年最大负荷利用小时数为 5 400 h。其中,一、二级负荷占 70%。

(3) 10 kV 侧出线 10 回,长度分别为 9 km,12 km,15 km,21 km,8 km,13 km,18 km,19 km,17 km,16 km,均为架空线,每回出线负荷均为 1 800 kV·A,功率因数为 0.80,年最大负荷利用小时数为 5 000 h 以上,其中一、二级负荷占总最大负荷的 50%。

(4) 所用电 160 kV·A。

3. 气候资料

冬季最低气温为 −15 ℃ 左右,夏季最高气温为 40 ℃ 左右。

4. 地质水文资料

该变电所位于新疆乌鲁木齐市城郊附近,地形为戈壁地带,气候干燥,变电所所处海拔高度为 900 m,选择地势平坦地形而建。

设计题目 15 110 kV 变电所设计(4)

待设计变电所位于某市边缘,除以 10 kV 电压供给市区工业与生活用电外,以 35 kV 电压向郊区工矿企业及农业供电。

1. 系统情况及参数

待设计变电所与电力系统的连接如图 1 所示。

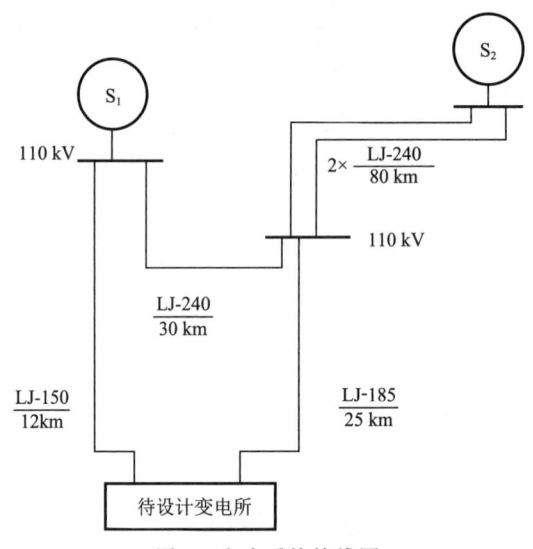

图 1 电力系统接线图

系统容量、系统阻抗在最大运行方式下为:$S_1 = 200$ MV·A,$x_{st1} = 0.6$,$S_2 = 1\,200$ MV·A,$x_{st2} = 0.6$;最小运行方式下为:$S_1 = 170$ MV·A,$x_{st1} = 0.85$,$S_2 = 1\,050$ MV·A,$x_{st2} = 0.65$。系统可保证本所 110 kV 母线电压波动在 ±5% 以内。

2. 线路回数及负荷情况

110 kV 出线近期 2 回,远景发展 2 回;35 kV 出线近期 4 回,远景发展 2 回;10 kV 出线近期 9 回,远景发展 2 回。各级电压线路负荷情况见表 1。

表1　各级电压线路负荷情况

电压等级/kV	负荷名称	最大负荷/MW		穿越功率/MW		负荷组成/%			功率因数	T_{max}/h	线长/km
		近期	远景	近期	远景	一级	二级	三级			
110	市乙线			15	20						12
	市甲线			15	20						25
	备用1		10								
	备用2		10								
35	煤矿1	1.5	2			10		90	0.90		20
	煤矿2	1.5	2			10	20	70	0.90		20
	甲乡镇	2	3					100	0.90		10
	乙乡镇	2	2.5					100	0.90		20
	备用1		1.5						0.90		15
	备用2		2						0.90		12
10	化肥厂1	2.5	2.5					100	0.78	5 500	2
	化肥厂2	2.5	2.5					100	0.78	5 500	2
	开关厂	1	2.5					100	0.75	4 000	3
	电线电缆厂1	1	1.5					100	0.73	4 500	2
	电线电缆厂2	1	1.5					100	0.73	4 500	2
	玻璃厂	1	1					100	0.75	5 000	2
	机械厂	1	1.5					100	0.78	4 000	3.5
	食品厂	1	1.5					100	0.80	4 500	3.5
	市区	1.2	2					100	0.80	3 000	1.5
	备用1		1						0.78		
	备用2		1						0.78		

3. 地形、地质、水文、气象等条件

所址地区海拔185 m,地势平坦,属轻微地震区。年最高气温为40 ℃,年最低气温为−10 ℃,年平均气温为12 ℃,最热月平均最高温度为34 ℃。最大风速为30 m/s,覆冰厚度为10 mm,属于我国第Ⅴ标准气象区。

设计题目16　220 kV变电所设计(1)

某地区根据电力系统规划需建一座220/110/10 kV变电所。

1. 系统情况及参数

220 kV侧电源近似为无限大电源系统,以100 MV·A为基准容量,本所220 kV母线阻抗标幺值为0.021;110 kV侧电源容量为800 MV·A,以100 MV·A为基准容量,本所110 kV母线阻抗标幺值为0.12。

2. 线路回数及负荷情况

220 kV 出线本期 4 回,最终 4 回,其中 2 回为转供负荷,容量为 120 MV·A,功率因数 $\cos\varphi=0.95$,年最大负荷利用小时数 $T_{max}=4\,800$ h。

110 kV 出线本期 5 回,最终 6 回,总负荷为 100 MV·A,有 2 回出线供给大型冶炼厂,其容量为 60 MV·A,其他作为地区变电站进线。功率因数 $\cos\varphi=0.85$,年最大负荷利用小时数 $T_{max}=4\,200$ h。

10 kV 出线本期 12 回,最终 16 回,总负荷为 50 MV·A,一、二级负荷用户占 70%;最大一回出线负荷为 5 MV·A,长度为 15 km,最小负荷和最大负荷之比为 0.5。功率因数 $\cos\varphi=0.8$,年最大负荷利用小时数 $T_{max}=4\,500$ h。

3. 调压要求

经规划计算认为本所 220 kV 侧母线波动较大,宜采用带负荷调压变压器,10 kV 留 2 回出线为本所无功补偿用。

4. 气候资料

该地区最热月平均气温为 28 ℃,年平均气温为 16 ℃,绝对最高气温为 40 ℃,土壤最热月平均气温为 18 ℃,风速为 25 m/s,微风风速小于 5 m/s。

5. 施工电源

本期施工电源从 5 km 以外 35 kV 变电所 10 kV 母线引接。

设计题目 17 220 kV 变电所设计(2)

根据电力系统规划,该地区需新建一座 220 kV 终端变电所,以满足工业负荷增长的需求。

1. 系统情况与参数

待设计 220 kV 变电所与电力系统之间的连接情况如图 1 所示。

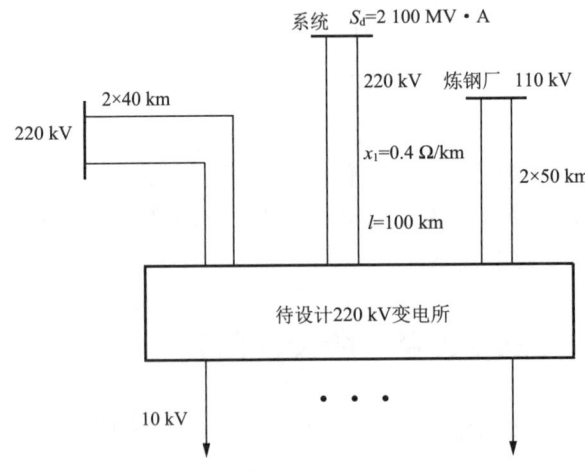

图 1 待设计变电所与系统连接示意图

系统电源经 100 km 长的 2 回 220 kV 线路送到本变电所,系统的短路容量为 2 100 MV·A。

2. 线路回数及负荷情况

在本所 220 kV 母线有 2 回输出线路,容量为 100 MV·A,功率因数为 0.95,在中压侧 110 kV 母线送出 2 回线路到炼钢厂;在低压侧 10 kV 母线送出 12 回线路。各级电压等级的负荷统计资料见表 1。

表 1 10 kV 用户负荷统计资料

电压等级 /kV	用户名称	年最大负荷 /kW	功率因数 $\cos\varphi$	回路数	重要负荷百分数 /%	线路长度 /km
10	矿机场	1 800	0.95	2	62	9
	机械厂	900		2		12
	汽车厂	2 100		2		6
	电机厂	2 400		2		8
	炼油厂	2 000		2		15
	饲料厂	600		2		20
110	炼钢厂	42 000	0.95	2	65	50
220		100 000	0.95	2	80	40

注:年最大负荷利用小时数 $T_{\max}=5\,500$ h,同时系数取 0.90,线路损耗取 5%。

3. 气候资料

该地区最热月平均气温为 28 ℃,年平均气温为 12 ℃,绝对最高气温为 42 ℃,土壤最热月平均气温为 15 ℃,风速为 30 m/s,微风风速小于 8 m/s。

设计题目 18 220 kV 变电所设计(3)

根据电力系统规划,需新建一座 220 kV 终端变电所。该站建成后与 A,B,C 三个 220 kV 电网系统相连,并给 110,10 kV 近区用户供电。

1. 系统情况及参数

根据规划,本所与系统的连接方式为:220 kV 侧与 A 及 C 系统各通过 2 回架空线路相连,与 B 系统通过 1 回架空线路相连,A 与 B 及 B 与 C 之间各有 1 回架空线路联络。

220 kV 侧电源 A,B,C 三个系统短路容量分别为 $S_A=2\,000$ MV·A,$S_B=1\,500$ MV·A,$S_C=4\,000$ MV·A,系统阻抗标幺值分别为 $X_A^*=0.3,X_B^*=0.4,X_C^*=0.2$(各电抗均为以各电源容量为基值计算的标幺值),110 及 10 kV 侧没有电源。

2. 线路回数及负荷情况

按照规划要求,该所有 220 kV,110 kV 和 10 kV 三个电压等级。本期投产 2 台变压器,预留 1 台变压器的扩建间隔,220 kV 出线 7 回(其中备用 2 回),110 kV 出线 10 回(其中备用 2 回),10 kV 出线 14 回(其中备用 2 回)。

110 kV 侧负荷主要为工厂和地区变电站供电,最大负荷约 231 MW,功率因数 $\cos\varphi=0.90\sim0.80$,负荷同时系数为 0.80,其中一、二级负荷占 85%;

10 kV 侧总负荷为 12.4 MW,功率因数 $\cos\varphi=0.90\sim0.80$,负荷同时系数为 0.70,其

中一、二级负荷占70%,最大一回出线负荷为2 500 kW,线路长度为20 km。

0.4 kV所用负荷为400 kV·A,一、二级负荷占50%。

3.保护时间要求

220 kV和110 kV侧出线主保护动作时间为0.2 s,后备保护时间为2 s;变压器主保护动作时间为0.2 s,后备保护时间为1 s;220 kV和110 kV侧断路器燃弧时间按0.05 s考虑。

4.地形、地质、水文、气象等条件

本所拟建地区位于山坡上,南面靠丘陵,东西北地势平坦,地质构造稳定,土壤电阻率为1.5×10^2 Ω·m。本站拟建地区最热月平均温度为23 ℃,年平均气温为10.7 ℃,绝对最高气温为40 ℃,风向以东北风为主。

附录1 负荷计算的需要系数和二项式系数

附表 1-1　各种用电设备的需要系数 K_d 及功率因数 $\cos\varphi$

用电设备组名称	需要系数 K_d	功率因数 $\cos\varphi$
小批生产的金属冷加工机床	0.16～0.20	0.50
大批生产的金属冷加工机床	0.18～0.25	0.50
小批生产的金属热加工机床	0.25～0.30	0.60
大批生产的金属热加工机床	0.30～0.35	0.65
锻锤、压床、剪床及其他锻工机械	0.25	0.60
木工机械	0.20～0.30	0.50～0.60
液压机	0.30	0.60
通风机、水泵、空压机及电动发电机组	0.70～0.80	0.80
冷冻机组	0.85～0.90	0.80～0.90
球磨机、破碎机、筛选机、搅拌机等	0.75～0.85	0.80～0.85
非连锁的连续运输机械及铸造车间整砂机械	0.50～0.60	0.75
连锁的连续运输机械及铸造车间整砂机械	0.65～0.70	0.75
锅炉房和机械加工、机修、装配等类车间的吊车($\varepsilon=25\%$)	0.10～0.15	0.50
铸造车间的吊车($\varepsilon=25\%$)	0.15～0.25	0.50
自动连续装料的电阻炉设备	0.75～0.80	0.95
非自动连续装料的电阻炉设备	0.65～0.70	0.95
实验室用的小型电热设备(电阻炉、干燥箱等)	0.70	1.00
工频感应电炉(未带无功补偿设备)	0.80	0.35
高频感应电炉(未带无功补偿设备)	0.80	0.60
电弧熔炉	0.90	0.87
点焊机、缝焊机	0.35	0.60
对焊机、铆钉加热机	0.35	0.70
自动弧焊变压器	0.50	0.40
单头手动弧焊变压器	0.35	0.35

续表

用电设备组名称	需要系数 K_d	功率因数 $\cos\varphi$
多头手动弧焊变压器	0.40	0.35
单头弧焊电动发电机组	0.35	0.60
多头弧焊电动发电机组	0.70	0.75
一般工业用硅整流装置	0.50	0.70
电镀用硅整流装置	0.50	0.75
电解用硅整流装置	0.70	0.80
红外线干燥设备	0.85~0.90	1.00
电火花加工装置	0.50	0.60
超声波装置	0.70	0.70
X光设备	0.30	0.55
电子计算机主机	0.60~0.70	0.80
电子计算机外部设备	0.40~0.50	0.50

注：此表摘自《工业与民用配电设计手册》（第三版）。

附表 1-2　照明设备的需要系数

建筑类别	需要系数 K_d	建筑类别	需要系数 K_d
生产厂房（有天然采光）	0.80~0.90	体育馆	0.70~0.80
生产厂房（无天然采光）	0.90~1.00	集体宿舍	0.60~0.80
办公楼	0.70~0.80	医　院	0.50
设计室	0.90~0.95	食堂、餐厅	0.80~0.90
科研楼	0.80~0.90	商　店	0.85~0.90
变/配电所、仓库	0.50~0.70	学　校	0.60~0.70
锅炉房	0.90	展览馆	0.70~0.80
托儿所、幼儿园	0.80~0.90	旅　馆	0.60~0.70
综合商业服务楼	0.75~0.85		

注：① 此表摘自《工业与民用配电设计手册》（第三版）。
② 白炽灯照明 $\cos\varphi=1.00$；荧光灯照明 $\cos\varphi=0.90$；高压汞灯、钠灯 $\cos\varphi=0.50$。

附表 1-3　民用建筑用电设备组的需要系数及功率因数

负荷名称	规　模	需要系数 K_d	功率因数 $\cos\varphi$	备　注
照　明	面积<500 m² 500~3 000 m² 3 000~15 000 m² >15 000 m² 商场照明	1.00~0.90 0.90~0.70 0.75~0.55 0.60~0.40 0.90~0.70	0.90	含插座容量，荧光灯就地补偿或采用电子镇流器

续表

负荷名称	规模	需要系数 K_d	功率因数 $\cos\varphi$	备注
冷冻机房	1～3 台	0.90～0.70	0.80～0.85	
锅炉房	>3 台	0.70～0.60		
热力站、水泵房、通风机	1～5 台 >5 台	1.00～0.80 0.80～0.60	0.80～0.85	
电梯		0.18～0.22	0.70(交流机) 0.80(直流机)	
洗衣机房	≤100 kW	0.40～0.50	0.80～0.90	
厨房	>100 kW	0.30～0.40		
窗式空调	4～10 台 10～50 台 50 台以上	0.80～0.60 0.60～0.40 0.40～0.30	0.80	
舞台照明	≤200 kW >200 kW	1.00～0.60 0.60～0.40	0.90～1.00	

注:① 表中所列用电指标的上限值是按空调采用电动压缩机制冷时的数值。当空调冷水机组采用直燃机时,用电指标一般比采用电动压缩机制冷时的指标降低 25～35 V·A/m²。
② 此表摘自《全国民用建筑工程设计技术措施·电气》(2003年版)。

附表 1-4 各种车间的低压负荷需要系数及功率因数

车间名称	需要系数 K_d	功率因数 $\cos\varphi$
铸钢车间(不包括电炉)	0.30～0.40	0.65
铸铁车间	0.35～0.40	0.70
锻压车间(不包括高压水泵)	0.20～0.30	0.55～0.65
热处理车间	0.40～0.60	0.65～0.70
焊接车间	0.25～0.30	0.45～0.50
金工车间	0.20～0.30	0.55～0.65
木工车间	0.28～0.35	0.60
落锤车间	0.20	0.60
废钢铁处理车间	0.45	0.68
电镀车间	0.40～0.62	0.85
中央实验室	0.40～0.60	0.60～0.80
充电站	0.60～0.70	0.80
煤气站	0.50～0.70	0.65
氧气站	0.75～0.85	0.80
冷冻站	0.70	0.75
水泵房	0.50～0.65	0.80

续表

车间名称	需要系数 K_d	功率因数 $\cos\varphi$
锅炉房	0.65~0.75	0.80
压缩空气站	0.70~0.85	0.75
乙炔站	0.70	0.90
试验站	0.40~0.50	0.80
发电机车间	0.29	0.60
变压器车间	0.35	0.65
电容器车间（机械化运输）	0.41	0.98
高压开关车间	0.30	0.70
绝缘材料车间	0.41~0.50	0.80
漆包线车间	0.80	0.91
电磁线车间	0.68	0.80
线圈车间	0.55	0.87
扁线车间	0.47	0.75~0.78
圆线车间	0.43	0.65~0.70
压延车间	0.45	0.78
辅助性车间	0.30~0.35	0.65~0.70
电线厂主厂房	0.44	0.75
电瓷厂主厂房	0.47	0.75
电表厂主厂房	0.40~0.50	0.80
电刷厂主厂房	0.50	0.80

附表 1-5 各种企业的全厂需要系数及功率因数

企业类别	需要系数 K_d		最大负荷时的功率因数 $\cos\varphi$	
	变动范围	建议采用	变动范围	建议采用
汽轮机制造厂	0.38~0.49	0.38	—	0.88
锅炉制造厂	0.26~0.33	0.27	0.73~0.75	0.73
柴油机制造厂	0.32~0.34	0.32	0.74~0.84	0.74
重型机械制造厂	0.25~0.47	0.35	—	0.79
机床制造厂	0.13~0.30	0.20	—	—
重型机床制造厂	0.32	0.32	—	0.71
工具制造厂	0.34~0.35	0.34	—	—
仪器仪表制造厂	0.31~0.42	0.37	0.8~0.82	0.81
滚珠轴承制造厂	0.24~0.34	0.28	—	—
量具刀具制造厂	0.26~0.35	0.26	—	—

续表

企业类别	需要系数 K_d		最大负荷时的功率因数 $\cos\varphi$	
	变动范围	建议采用	变动范围	建议采用
电机制造厂	0.25~0.38	0.33	—	
石油机械制造厂	0.45~0.50	0.45	—	0.78
电线电缆制造厂	0.35~0.36	0.35	0.65~0.80	0.73
电气开关制造厂	0.30~0.60	0.35	—	0.75
阀门制造厂	0.38	0.38		
铸管厂	—	0.50		0.70
橡胶厂	0.50	0.50	0.72	—
通用机械厂	0.34~0.43	0.40	—	有电炉时取高值
小型造船厂	0.32~0.50	0.33	0.60~0.80	有电炉时取高值
中型造船厂	0.35~0.45	有电炉时取高值	0.70~0.80	—
大型造船厂	0.35~0.40	有电炉时取高值	0.70~0.80	—
有色冶金企业	0.60~0.70	0.65	—	—
化学工厂	0.17~0.38	0.28		
纺织工厂	0.32~0.60	0.50		
水泥工厂	0.50~0.84	0.71		
锯木工厂	0.14~0.30	0.19		
各种金属加工厂	0.19~0.27	0.21		
钢结构桥梁厂	0.34~0.40	—		0.60
混凝土桥梁厂	0.30~0.45	—		0.55
混凝土轨枕厂	0.35~0.45	—	—	—

附表 1-6 常用负荷的二项式系数

负荷种类	用电设备组名称	二项式系数			$\cos\varphi$	$\tan\varphi$
		b	c	x		
金属切削机床	小批及单件金属冷加工	0.14	0.4	5	0.50	1.73
	大批及流水生产的金属冷加工	0.14	0.5	5	0.50	1.73
	大批及流水生产的金属热加工	0.26	0.5	5	0.65	1.16
长期运转机械	通风机、泵、电动发电机	0.65	0.25		0.80	0.75
铸工车间连续运输及整砂机械	非连锁连续运输及整砂机械	0.4	0.4	5	0.75	0.88
	连锁连续运输及整砂机械	0.6	0.2	5	0.75	0.88

续表

负荷种类	用电设备组名称	二项式系数			cos φ	tan φ
		b	c	x		
反复短时负荷	锅炉、装配、机修的起重机	0.06	0.2	3	0.50	1.73
	铸造车间的起重机	0.09	0.3	3	0.50	1.73
	平炉车间的起重机	0.11	0.3	3	0.50	1.73
	压延、脱模、整修车间的起重机	0.18	0.3	3	0.50	1.73
电热设备	定期装料电阻炉	0.5	0.5	1	1	0
	自动连续装料电阻炉	0.7	0.3	2	1	0
	实验室小型干燥箱、加热器	0.7	—	—	1	0
	熔炼炉	0.9	—	—	0.87	0.56
	工频感应炉	0.8	—	—	0.35	2.67
	高频感应炉	0.8	—	—	0.60	1.33
焊接设备	单头手动弧焊变压器	0.35	—	—	0.35	2.67
	多头手动弧焊变压器	0.7~0.9	—	—	0.75	0.88
	自动弧焊变压器	0.5	—	—	0.50	1.73
	点焊机及缝焊机	0.35	—	—	0.60	1.33
	对焊机	0.35	—	—	0.70	1.02
	平焊机	0.35	—	—	0.70	1.02
	铆钉加热器	0.7	—	—	0.65	1.16
	单头直流弧焊机	0.35	—	—	0.60	1.33
	多头直流弧焊机	0.5~0.9	—	—	0.65	1.16
电 镀	硅整流装置	0.5	0.35	—	0.75	0.88

附录 2 常用电气设备技术参数

附表 2-1 10 kV S9 系列变压器的主要技术参数

型 号	额定容量 /(kV·A)	额定电压/kV		损耗/W		空载电流 /%	阻抗电压 /%	连接组别
		高压侧	低压侧	空载	短路			
S9-30/10(6)	30	11 10.5 10 6.3 6	0.4	130	600	2.1	4	Y,yn0
S9-50/10(6)	50			170	870	2.0	4	Y,yn0
				175	870	4.5	4	D,yn11
S9-63/10(6)	63			200	1 040	1.9	4	Y,yn0
				210	1 030	4.5	4	D,yn11
S9-80/10(6)	80			240	1 250	1.8	4	Y,yn0
				250	1 240	4.5	4	D,yn11
S9-100/10(6)	100			290	1 500	1.6	4	Y,yn0
				300	1 470	4.0	4	D,yn11
S9-125/10(6)	125			340	1 800	1.5	4	Y,yn0
				360	1 720	4.0	4	D,yn11
S9-160/10(6)	160			400	2 200	1.4	4	Y,yn0
				430	2 100	3.5	4	D,yn11
S9-200/10(6)	200			480	2 600	1.3	4	Y,yn0
				500	2 500	3.5	4	D,yn11
S9-250/10(6)	250			560	3 050	1.2	4	Y,yn0
				600	2 900	3.0	4	D,yn11
S9-315/10(6)	315			670	3 650	1.1	4	Y,yn0
				720	3 450	3.0	4	D,yn11
S9-400/10(6)	400			800	4 300	1.0	4	Y,yn0
				870	4 200	3.0	4	D,yn11
S9-500/10(6)	500			960	5 100	1.0	4	Y,yn0
				1 030	4 950	3.0	4	D,yn11
S9-630/10(6)	630			1 200	6 200	0.9	4.5	Y,yn0
				1 300	5 800	3.0	5	D,yn11

续表

型号	额定容量/(kV·A)	额定电压/kV 高压侧	额定电压/kV 低压侧	损耗/W 空载	损耗/W 短路	空载电流/%	阻抗电压/%	连接组别
S9-800/10(6)	800			1 400	7 500	0.8	4.5	Y,yn0
				1 400	7 500	2.5	5	D,yn11
S9-1000/10(6)	1 000			1 700	10 300	0.7	4.5	Y,yn0
				1 700	9 200	1.7	5	D,yn11
S9-1250/10(6)	1 250	11 10.5 10 6.3 6	0.4	1 950	12 000	0.6	4.5	Y,yn0
				2 000	11 000	2.5	5	D,yn11
S9-1600/10(6)	1 600			2 400	14 500	0.6	4.5	Y,yn0
				2 400	14 000	2.5	6	D,yn11
S9-2000/10(6)	2 000			3 000	18 000	0.8	6	Y,yn0
				3 000	1 800	0.8	6	D,yn11
S9-2500/10(6)	2 500			3 500	25 000	0.8	6	Y,yn0
				3 500	25 000	0.8	6	D,yn11

注：变压器型号含义如下。

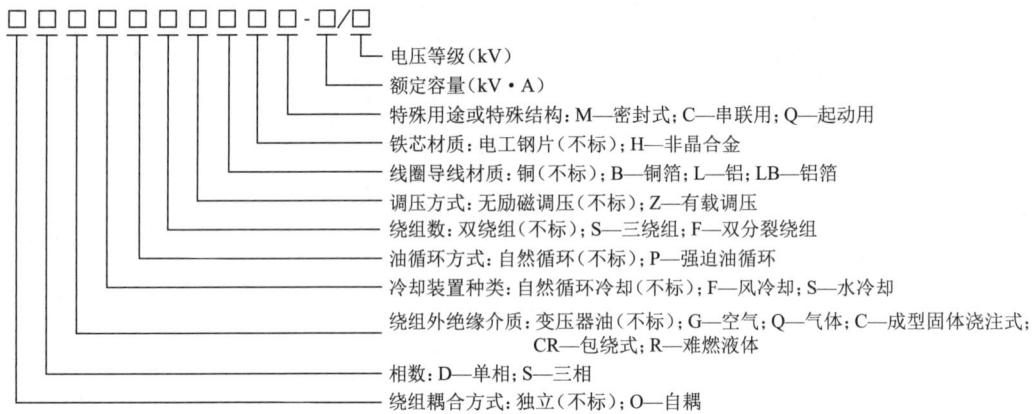

电压等级(kV)
额定容量(kV·A)
特殊用途或特殊结构：M—密封式；C—串联用；Q—起动用
铁芯材质：电工钢片(不标)；H—非晶合金
线圈导线材质：铜(不标)；B—铜箔；L—铝；LB—铝箔
调压方式：无励磁调压(不标)；Z—有载调压
绕组数：双绕组(不标)；S—三绕组；F—双分裂绕组
油循环方式：自然循环(不标)；P—强迫油循环
冷却装置种类：自然循环冷却(不标)；F—风冷却；S—水冷却
绕组外绝缘介质：变压器油(不标)；G—空气；Q—气体；C—成型固体浇注式；CR—包绕式；R—难燃液体
相数：D—单相；S—三相
绕组耦合方式：独立(不标)；O—自耦

附表 2-2 S11 系列 10 kV 级低损耗变压器主要技术参数

型号	额定容量/(kV·A)	额定电压/kV 高压侧	分接范围	低压侧	损耗/W 空载	损耗/W 短路	阻抗电压/%	空载电流/%	连接组别
S11-30	30				100	600		1.0	
S11-50	50	6 6.3 10.5 11	±5% 或 ±2×2.5%	0.4	130	870	4.0	1.0	Y,yn0 或 D,yn11
S11-63	63				150	1 040		0.9	
S11-80	80				180	1 250		0.9	
S11-100	100				200	1 500		0.9	
S11-125	125				240	1 800		0.8	

续表

型 号	额定容量/(kV·A)	额定电压/kV			损耗/W		阻抗电压/%	空载电流/%	连接组别
		高压侧	分接范围	低压侧	空载	短路			
S11-160	160	6 6.3 10.5 11	±5% 或 ±2×2.5%	0.4	280	2 200	4.0	0.8	Y,yn0 或 D,yn11
S11-200	200				340	2 600		0.8	
S11-250	250				400	3 050		0.7	
S11-315	315				480	3 650		0.7	
S11-400	400				570	4 300		0.6	
S11-500	500				680	5 150		0.6	
S11-630	630				810	6 200		0.6	
S11-800	800				980	7 500	4.5	0.6	
S11-1000	1 000				1 150	10 300		0.6	
S11-1250	1 250				1 360	12 000		0.6	
S11-1600	1 600				1 640	14 500		0.6	
S11-2000	2 000				1 960	16 910	6.0	0.6	

附表 2-3　S13-M型全密封油浸式电力变压器主要技术参数

型 号	额定容量/(kV·A)	额定电压/kV			损耗/W		空载电流/%	阻抗电压/%	连接组别
		高压侧	分接范围	低压侧	空 载	短 路			
S13-30	30	6 6.3 10 10.5 11	±2×2.5% 或 ±5%	0.4	80	600	0.28	4	D,yn11 或 Y,yn0
S13-50	50				100	870	0.25		
S13-63	63				110	1 040	0.23		
S13-80	80				130	1 250	0.22		
S13-100	100				150	1 500	0.21		
S13-125	125				170	1 800	0.2		
S13-160	160				200	2 200	0.19		
S13-200	200				240	2 600	0.18		
S13-250	250				290	3 050	0.17		
S13-315	315				340	3 650	0.16		
S13-400	400				410	4 300	0.16		
S13-500	500				460	5 100	0.15		
S13-630	630				580	6 200	0.15		
S13-800	800				700	7 500	0.14		
S13-1000	1 000				830	10 300	0.13	4.5	
S13-1250	1 250				980	12 000	0.12		
S13-1600	1 600				1 180	14 500	0.11		

附表 2-4　10 kV(6 kV)级 SC9 系列树脂浇注干式电力变压器的主要技术参数

型号	额定容量 /(kV·A)	额定电压/kV 高压侧	额定电压/kV 低压侧	损耗/W 空载	损耗/W 短路	空载电流 /%	阻抗电压 /%	连接组别
SC9-30/10	30			200	560	2.8	4	Y,yn0 D,yn11
SC9-50/10	50			260	860	2.4		
SC9-80/10	80			340	1 140	2		
SC9-100/10	100			360	1 440	2		
SC9-125/10	125			420	1 580	1.6		
SC9-160/10	160			500	1 980	1.		
SC9-200/10	200			560	2 240	1.6		
SC9-250/10	250	11 10.5 10 6.6 6.3 6	0.4	650	2 410	1.6		
SC9-315/10	315			820	3 100	1.4		
SC9-400/10	400			900	3 600	1.4		
SC9-500/10	500			1 100	4 300	1.4		
SC9-630/10	630			1 200	5 400	1.2		
				1 100	5 600	1.2		
SC9-800/10	800			1 350	6 600	1.2	6	
SC9-1000/10	1 000			1 550	7 600	1		
SC9-1250/10	1 250			2 000	9 100	1		
SC9-1600/10	1 600			2 300	11 000	1		
SC9-2000/10	2 000			2 700	13 300	0.8		
SC9-2500/10	2 500			3 200	15 800	0.8		

附表 2-5　35 kV 级 S9 系列电力变压器的主要技术参数

型号	额定容量 /(kV·A)	额定电压/kV 一次侧	额定电压/kV 二次侧	损耗/kW 空载	损耗/kW 短路	空载电流 /%	阻抗电压 /%	连接组别
S9-200/35	200			0.44	3.33	1.55		
S9-250/35	250			0.51	3.96	1.40		
S9-315/35	315			0.61	4.77	1.40		
S9-400/35	400			0.73	5.76	1.30		
S9-500/35	500	35	0.4	0.86	6.93	1.30	6.5	Y,yn0
S9-630/35	630			1.04	8.28	1.25		
S9-800/35	800			1.23	9.90	1.05		
S9-1000/35	1 000			1.44	12.15	1.00		
S9-1250/35	1 250			1.76	14.67	0.85		
S9-1600/35	1 600			2.12	17.55	0.75		

续表

型号	额定容量/(kV·A)	额定电压/kV 一次侧	额定电压/kV 二次侧	损耗/kW 空载	损耗/kW 短路	空载电流/%	阻抗电压/%	连接组别
S9-800/35	800	35	3.15 6.3 10.5	1.23	9.90	1.05	7	Y,d11
S9-1000/35	1 000			1.44	12.15	1.00		
S9-1250/35	1 250			1.76	14.67	0.90		
S9-1600/35	1 600			2.12	17.55	0.85		
S9-2000/35	2 000			2.72	17.82	0.75		
S9-2500/35	2 500			3.20	20.70	0.75		
S9-3150/35	3 150			3.8	24.30	0.70		
S9-4000/35	4 000			4.52	28.80	0.70		
S9-5000/35	5 000			5.40	33.03	0.60		
S9-6300/35	6 300			6.56	36.90	0.60	7.5	

附表 2-6 35 kV 级 SC9 系列树脂浇注干式电力变压器的主要技术参数

型号	额定容量/(kV·A)	额定电压/kV 一次侧	额定电压/kV 二次侧	损耗/kW 空载	损耗/kW 短路	空载电流/%	阻抗电压/%	连接组别
SC9-630/35	630	35 38.5	0.4	1 840	6 300	0.6	6	Y,yn0 或 D,yn11
SC9-800/35	800			2 160	7 470	0.6		
SC9-1000/35	1 000			2 400	8 590	0.5		
SC9-1250/35	1 250			2 800	10 400	0.5		
SC9-1600/35	1 600			3 200	12 640	0.5		
SC9-2000/35	2 000			3 760	14 880	0.4		
SC9-2500/35	2 500			4 400	17 810	0.4		
SC9-3150/35	3 150	35 38.5	3.15 6 6.3 10 10.5 11	6 000	20 040	0.4	8	Y,d11 或 YN,d11
SC9-4000/35	4 000			6 960	24 100	0.4		
SC9-5000/35	5 000			8 320	28 570	0.4		
SC9-6300/35	6 300			9 840	33 390	0.4		
SC9-8000/35	8 000			11 200	37 020	0.3		
SC9-10000/35	10 000			12 800	45 400	0.3	9	
SC9-12550/35	12 550			14 800	48 900	0.2		
SC9-16000/35	16 000			18 000	56 580	0.2		
SC9-20000/35	20 000			21 600	64 400	0.2		

附表 2-7　110 kV 双绕组电力变压器的主要技术参数

型　号	额定容量 /(kV·A)	额定电压/kV 高压侧	额定电压/kV 低压侧	损耗/kW 空载	损耗/kW 短路	空载电流 /%	短路电压 /%	连接组别
SF9-6300/110	6 300	110±2×2.5% 121±2×2.5%	6.3 6.6 10.5 11	9.28	36.9	0.90	10.5	YN,d11
SF9-8000/110	8 000			11.2	45.0	0.85		
SF9-10000/110	10 000			13.2	53.1	0.80		
SF9-12500/110	12 500			15.6	63.0	0.75		
SF9-16000/110	16 000			18.8	77.4	0.70		
SF9-20000/110	20 000			22.0	93.6	0.65		
SF9-25000/110	25 000			26.0	110.7	0.60		
SF9-31500/110	31 500			30.8	133.2	0.55		
SFZ9-6300/110	6 300	110±8×1.25% 121±8×1.25%	6.3 6.6 10.5 11	10.00	36.9	0.98	10.5	YN,d11
SFZ9-8000/110	8 000			12.00	45.0	0.98		
SFZ9-10000/110	10 000			14.24	53.1	0.91		
SFZ9-12500/110	12 500			16.80	63.0	0.91		
SFZ9-16000/110	16 000			20.24	77.4	0.84		
SFZ9-20000/110	20 000			24.00	93.6	0.84.		
SFZ9-25000/110	25 000			28.40	110.7	0.77		
SFZ9-31500/110	31 500			33.76	133.2	0.77		

附表 2-8　110 kV 三绕组电力变压器的主要技术参数

型　号	额定电压/kV 高压侧	额定电压/kV 中压侧	额定电压/kV 低压侧	损耗/kW 空载	损耗/kW 短路	空载电流 /%	短路电压/% 高—中	短路电压/% 高—低	短路电压/% 中—低	连接组别
SFS9-6300/110	110±2×2.5% 121±2×2.5%	35±2×2.5% 38.5±2×2.5% 35±5% 38.5±5%	6.3 6.6 10.5 11	11.2	47.7	0.55	10.5 17~18	17~18 10.5	6.5	YN, yn0, d11
SFS9-8000/110				13.3	56.7	0.55				
SFS9-10000/110				15.8	66.6	0.50				
SFS9-12500/110				18.4	78.3	0.50				
SFS9-16000/110				22.4	95.4	0.45				
SFS9-20000/110				26.4	112.5	0.45				
SFS9-25000/110				30.8	133.2	0.40				
SFS9-31500/110				36.8	157.5	0.40				
SFS9-40000/110				43.6	186.3	0.35				
SFS9-50000/110				52.0	225.0	0.35				
SFS9-63000/110				61.6	270.0	0.35				

续表

型号	额定电压/kV			损耗/kW		空载电流/%	短路电压/%			连接组别
	高压侧	中压侧	低压侧	空载	短路		高—中	高—低	中—低	
SFSZ9-6300/110	110±8×1.25%	38.5±2×2.5%	6.3 6.6 10.5 11	10.0	47.7	0.65	10.5	17～18	6.5	YN,yn0,d11
SFSZ9-8000/110				14.4	56.7	0.65				
SFSZ9-10000/110				17.0	66.3	0.6				
SFSZ9-12500/110				20.0	78.3	0.6				
SFSZ9-16000/110				24.2	95.4	0.55				
SFSZ9-20000/110				28.6	112.5	0.55				
SFSZ9-25000/110				33.8	133.2	0.5				
SFSZ9-31500/110				40.2	157	0.5				
SFSZ9-40000/110		38.5±5%		48.2	189	0.45				
SFSZ9-50000/110				57.0	255	0.45				
SFSZ9-63000/110				67.8	270	0.4				

附表2-9　220 kV双绕组电力变压器主要技术参数

型号	额定容量/(kV·A)	额定电压/kV		空载电流/%	空载损耗/kW	短路损耗/kW	阻抗电压/%	连接组别
		高压侧	低压侧					
SFP-400000/220	400 000	236±2×2.5%	18	0.8	250	970	14	YN,d11
SFP-360000/220	360 000	236±2×2.5%	18				14	YN,d11
SFP-360000/220	360 000	242±2×2.5%	18	0.28	190	860	14.3	YN,d11
SFP7-360000/220	360 000	242±2×2.5%	18	0.28	190	860	14.3	YN,d11
SFP7-360000/220	360 000	236±2×2.5%	18	0.36	272	900	13.5	YN,d11
SFP3-340000/220	340 000	242±2×2.5%	20	1.0	255	1 100	14	YN,d11
SFP3-300000/220	300 000	242±2×2.5%	15	0.4	185	903	14.5	YN,d11
SFP3-260000/220	260 000	242±2×2.5%	15.75	0.7	235	835	14	YN,d11
SFP7-240000/220	240 000	242±2×2.5%	15.75	0.7	200	630	14	YN,d11
SFP3-200000/220	200 000	242±2×2.5%	13.8	1.1	199	666	13.1	YN,d11
SFP3-150000/220	150 000	242±2×2.5%	13.8	1.2	150	600	13.25	YN,d11
SFP7-150000/220	150 000	242±2×2.5%	13.8	0.32	124	428	13.3	YN,d11
SFPZ7-120000/220	120 000	220±8×1.25%	38.5	0.8	124	385	12-14	YN,d11
SFPZ4-120000/220	120 000	220±8×1.25%	69	1.1	135	490	13.7	YN,d11
SFPZ7-120000/220	120 000	220±8×1.25%	37.5	0.5	90	380	14	YN,d11
SFPZ4-90000/220	90 000	220±8×1.5%	69	0.8	102	370	13.5	YN,d11
SFPZ7-90000/220	90 000	220±8×1.5%	38.5	0.75	110	320	13.3	YN,d11
SFPZ-80000/220	80 000	220±8×1.46%	69	0.24	91	305	13.5	YN,d11

附表 10　220 kV 三绕组变压器主要技术参数

型号	额定容量 /(kV·A)	额定电压/kV			空载电流/%	空载损耗/kW	负载损耗/kW			阻抗电压/%			连接组别
		高压侧	中压侧	低压侧			高—中	高—低	中—低	高—中	高—低	中—低	
OSSPS-360000/220	360 000/360 000/180 000	242±2×2.5%	121	15.75	0.39	258	1164	548	720	12.1	12	18.8	YN,yn,d11
SSPS-240000/220	240 000	242±2×2.5%	121	15.75	0.7	257		990		24.5	14.5	8.5	YN,yn,d11
SFPS7-120000/220	120 000	230±2×2.5%	121	10.5	0.3	100	492	520	387	14.52	23.27	7.27	YN,yn,d11
OSSPSZ7-180000/220	180 000/180 000/60 000	242	121±4×2.5%	15.75	0.395	105	470	166	168	9.3	55.4	45.5	YN,yn,d11
SFPSZ7-120000/220	120 000/120 000/60 000	220±6×1.5%	118.25	10.5	0.48	132	359	121	84	12.1	21.6	8.4	YN,yn,d11
OSFPSZ7-90000/220	90 000/90 000/45 000	220±6×1.2%	121	38.5	0.18	46	240	203	196	7.7	14.3	9.8	YN,yn,d11
SFPSZ-63000/220	63 000	220±8×1.25%	121	38.5	0.8	88		280		14	24	7.5	YN,yn,d11

附表 2-11　部分并联补偿电容器主要技术参数

型号	额定电压/kV	额定容量/kvar	额定电容/μF	相数
BCMJ0.23-5-3	0.23	5	300	3
BCMJ0.23-10-3	0.23	10	600	3
BCMJ0.23-20-3	0.23	20	1 200	3
BCMJ0.4-10-3	0.4	10	200	3
BCMJ0.4-12-3	0.4	12	240	3
BCMJ0.4-14-3	0.4	14	280	3
BCMJ0.4-17-3	0.4	16	320	3
BKMJ0.4-12-3	0.4	12	240	3
BKMJ0.4-15-3	0.4	15	300	3
BKMJ0.4-20-3	0.4	20	400	3

续表

型 号	额定电压/kV	额定容量/kvar	额定电容/μF	相 数
BKMJ0.4-25-3	0.4	25	500	3
BWF6.3-22-1	6.3	22	1.76	1
BWF6.3-25-1	6.3	25	2.0	1
BWF6.3-30-1	6.3	30	2.4	1
BWF6.3-40-1	6.3	40	3.2	1
BWF6.3-50-1	6.3	50	4.0	1
BWF6.3-100-1	6.3	100	6.0	1
BWF6.3-120-1	6.3	120	9.63	1
BWF10.5-22-1	10.5	22	0.64	1
BWF10.5-25-1	10.5	25	0.72	1
BWF10.5-30-1	10.5	30	0.87	1
BWF10.5-40-1	10.5	40	1.15	1
BWF10.5-50-1	10.5	50	1.44	1
BWF10.5-100-1	10.5	100	2.89	1
BWF10.5-120-1	10.5	120	3.47	1
BWF11/$\sqrt{3}$-17-1W	11/$\sqrt{3}$	16	1.26	1
BWF11/$\sqrt{3}$-25-1W	11/$\sqrt{3}$	25	1.97	1
BWF11/$\sqrt{3}$-30-1W	11/$\sqrt{3}$	30	2.37	1
BWF11/$\sqrt{3}$-40-1W	11/$\sqrt{3}$	40	3.16	1
BWF11/$\sqrt{3}$-50-1W	11/$\sqrt{3}$	50	3.95	1
BWF11/$\sqrt{3}$-100-1W	11/$\sqrt{3}$	100	7.89	1
BWF11/$\sqrt{3}$-120-1W	11/$\sqrt{3}$	120	9.45	1

注：并联补偿电容器型号含义如下。

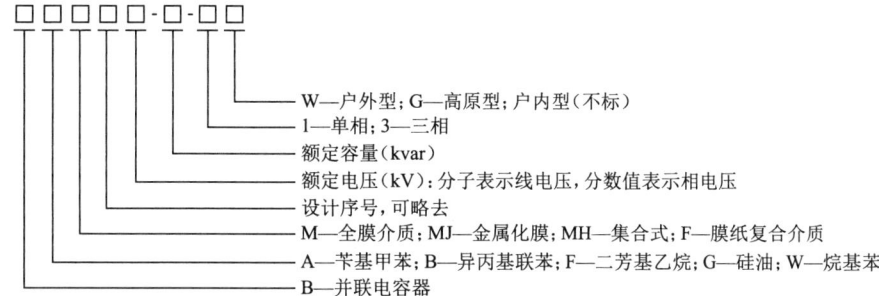

附表 2-12 部分并联电容器装置主要技术参数

型号	额定电压/kV	电容器组额定电压/kV	电容器组额定容量/kvar	电容器组额定电流/A	接线方式	并联电容器型号
TBB6-1200/50-AK	6.6	6	1 200	105	Y	BFM6.6/$\sqrt{3}$-50-1W
TBB6-1500/50-AK	6.6	6	1 500	131	Y	BFM6.6/$\sqrt{3}$-50-1W
TBB6-2400/50-AK	6.6	6	2 400	210	Y	BFM6.6/$\sqrt{3}$-50-1W
TBB6-2400/50-BL	6.6	6	2 400	210	Y-Y	BFM6.6/$\sqrt{3}$-50-1W
TBB6-3000/100-AK	6.6	6	3 000	262	Y	BFM6.6/$\sqrt{3}$-100-1W
TBB6-3000/100-BL	6.6	6	3 000	262	Y-Y	BFM6.6/$\sqrt{3}$-100-1W
TBB6-3600/100-AK	6.6	6	3 600	315	Y	BFM6.6/$\sqrt{3}$-100-1W
TBB6-4200/100-AK	6.6	6	4 200	367	Y	BFM6.6/$\sqrt{3}$-100-1W
TBB6-4200/100-BL	6.6	6	4 200	367	Y-Y	BFM6.6/$\sqrt{3}$-100-1W
TBB6-3000/200-AK	6.6	6	3 000	262	Y	BFM6.6/$\sqrt{3}$-200-1W
TBB6-3600/200-AK	6.6	6	3 600	315	Y	BFM6.6/$\sqrt{3}$-200-1W
TBB6-3600/200-BL	6.6	6	3 600	315	Y-Y	BFM6.6/$\sqrt{3}$-200-1W
TBB6-600/200-AKW	6.6	6	600	52.5	Y	BAM6.6/$\sqrt{3}$-200-1W
TBB6-900/300-AKW	6.6	6	900	78.72	Y	BAM6.6/$\sqrt{3}$-300-1W
TBB6-1000/334-AKW	6.6	6	0	87.48	Y	BAM6.6/$\sqrt{3}$-334-1W
TBB6-1200/400-AKW	7.3	6	1 200	95	Y	BAM7.3/$\sqrt{3}$-400-1W
TBB6-1500/250-AKW	7.3	6	1 500	119	Y	BAM7.3/$\sqrt{3}$-250-1W
TBB10-1200/50-AK	11	10	1 200	63	Y	BFM11/$\sqrt{3}$-50-1W
TBB10-1500/50-AK	11	10	1 500	79	Y	BFM11/$\sqrt{3}$-50-1W
TBB10-2400/50-AK	11	10	2 400	126	Y	BFM11/$\sqrt{3}$-50-1W
TBB10-2400/50-BL	11	10	2 400	126	Y-Y	BFM11/$\sqrt{3}$-50-1W
TBB10-2400/100-AK	11	10	2 400	126	Y	BFM11/$\sqrt{3}$-100-1W
TBB10-3000/100-AK	11	10	3 000	157	Y	BFM11/$\sqrt{3}$-100-1W
TBB10-3000/100-BL	11	10	3 000	157	Y-Y	BFM11/$\sqrt{3}$-100-1W
TBB10-3000/200-AK	11	10	3 000	157	Y	BFM11/$\sqrt{3}$-200-1W
TBB10-3600/200-AK	11	10	3 600	189	Y	BFM11/$\sqrt{3}$-200-1W
TBB10-3600/200-BL	11	10	3 600	189	Y-Y	BFM11/$\sqrt{3}$-200-1W
TBB10-4200/200-AK	11	10	4 200	200	Y	BFM11/$\sqrt{3}$-200-1W
TBB10-6000/334-AK	11	10	6 000	315	Y	BFM11/$\sqrt{3}$-334-1W
TBB10-6000/334-BL	11	10	6 000	315	Y-Y	BFM11/$\sqrt{3}$-334-1W
TBB10-600/200-AKW	11	10	600	32	Y	BAM11/$\sqrt{3}$-200-1W

续表

型　号	额定电压/kV	额定容量/kvar	额定电容/μF	相　数
BKMJ0.4-25-3	0.4	25	500	3
BWF6.3-22-1	6.3	22	1.76	1
BWF6.3-25-1	6.3	25	2.0	1
BWF6.3-30-1	6.3	30	2.4	1
BWF6.3-40-1	6.3	40	3.2	1
BWF6.3-50-1	6.3	50	4.0	1
BWF6.3-100-1	6.3	100	6.0	1
BWF6.3-120-1	6.3	120	9.63	1
BWF10.5-22-1	10.5	22	0.64	1
BWF10.5-25-1	10.5	25	0.72	1
BWF10.5-30-1	10.5	30	0.87	1
BWF10.5-40-1	10.5	40	1.15	1
BWF10.5-50-1	10.5	50	1.44	1
BWF10.5-100-1	10.5	100	2.89	1
BWF10.5-120-1	10.5	120	3.47	1
BWF11/$\sqrt{3}$-17-1W	11/$\sqrt{3}$	16	1.26	1
BWF11/$\sqrt{3}$-25-1W	11/$\sqrt{3}$	25	1.97	1
BWF11/$\sqrt{3}$-30-1W	11/$\sqrt{3}$	30	2.37	1
BWF11/$\sqrt{3}$-40-1W	11/$\sqrt{3}$	40	3.16	1
BWF11/$\sqrt{3}$-50-1W	11/$\sqrt{3}$	50	3.95	1
BWF11/$\sqrt{3}$-100-1W	11/$\sqrt{3}$	100	7.89	1
BWF11/$\sqrt{3}$-120-1W	11/$\sqrt{3}$	120	9.45	1

注：并联补偿电容器型号含义如下。

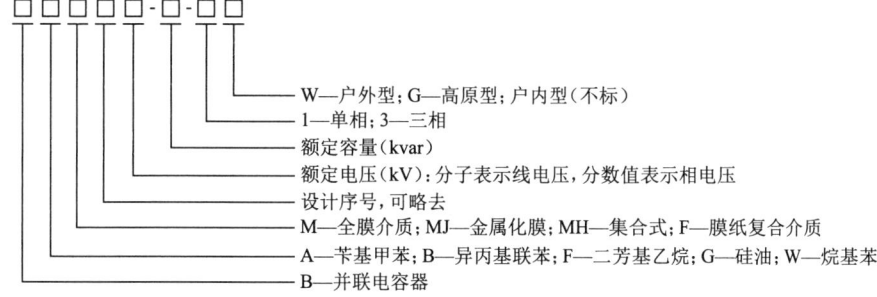

W—户外型；G—高原型；户内型（不标）
1—单相；3—三相
额定容量（kvar）
额定电压（kV）：分子表示线电压，分数值表示相电压
设计序号，可略去
M—全膜介质；MJ—金属化膜；MH—集合式；F—膜纸复合介质
A—苄基甲苯；B—异丙基联苯；F—二芳基乙烷；G—硅油；W—烷基苯
B—并联电容器

附表 2-12　部分并联电容器装置主要技术参数

型　号	额定电压/kV	电容器组额定电压/kV	电容器组额定容量/kvar	电容器组额定电流/A	接线方式	并联电容器型号
TBB6-1200/50-AK	6.6	6	1 200	105	Y	BFM6.6/$\sqrt{3}$-50-1W
TBB6-1500/50-AK	6.6	6	1 500	131	Y	BFM6.6/$\sqrt{3}$-50-1W
TBB6-2400/50-AK	6.6	6	2 400	210	Y	BFM6.6/$\sqrt{3}$-50-1W
TBB6-2400/50-BL	6.6	6	2 400	210	Y-Y	BFM6.6/$\sqrt{3}$-50-1W
TBB6-3000/100-AK	6.6	6	3 000	262	Y	BFM6.6/$\sqrt{3}$-100-1W
TBB6-3000/100-BL	6.6	6	3 000	262	Y-Y	BFM6.6/$\sqrt{3}$-100-1W
TBB6-3600/100-AK	6.6	6	3 600	315	Y	BFM6.6/$\sqrt{3}$-100-1W
TBB6-4200/100-AK	6.6	6	4 200	367	Y	BFM6.6/$\sqrt{3}$-100-1W
TBB6-4200/100-BL	6.6	6	4 200	367	Y-Y	BFM6.6/$\sqrt{3}$-100-1W
TBB6-3000/200-AK	6.6	6	3 000	262	Y	BFM6.6/$\sqrt{3}$-200-1W
TBB6-3600/200-AK	6.6	6	3 600	315	Y	BFM6.6/$\sqrt{3}$-200-1W
TBB6-3600/200-BL	6.6	6	3 600	315	Y-Y	BFM6.6/$\sqrt{3}$-200-1W
TBB6-600/200-AKW	6.6	6	600	52.5	Y	BAM6.6/$\sqrt{3}$-200-1W
TBB6-900/300-AKW	6.6	6	900	78.72	Y	BAM6.6/$\sqrt{3}$-300-1W
TBB6-1000/334-AKW	6.6	6	0	87.48	Y	BAM6.6/$\sqrt{3}$-334-1W
TBB6-1200/400-AKW	7.3	6	1 200	95	Y	BAM7.3/$\sqrt{3}$-400-1W
TBB6-1500/250-AKW	7.3	6	1 500	119	Y	BAM7.3/$\sqrt{3}$-250-1W
TBB10-1200/50-AK	11	10	1 200	63	Y	BFM11/$\sqrt{3}$-50-1W
TBB10-1500/50-AK	11	10	1 500	79	Y	BFM11/$\sqrt{3}$-50-1W
TBB10-2400/50-AK	11	10	2 400	126	Y	BFM11/$\sqrt{3}$-50-1W
TBB10-2400/50-BL	11	10	2 400	126	Y-Y	BFM11/$\sqrt{3}$-50-1W
TBB10-2400/100-AK	11	10	2 400	126	Y	BFM11/$\sqrt{3}$-100-1W
TBB10-3000/100-AK	11	10	3 000	157	Y	BFM11/$\sqrt{3}$-100-1W
TBB10-3000/100-BL	11	10	3 000	157	Y-Y	BFM11/$\sqrt{3}$-100-1W
TBB10-3000/200-AK	11	10	3 000	157	Y	BFM11/$\sqrt{3}$-200-1W
TBB10-3600/200-AK	11	10	3 600	189	Y	BFM11/$\sqrt{3}$-200-1W
TBB10-3600/200-BL	11	10	3 600	189	Y-Y	BFM11/$\sqrt{3}$-200-1W
TBB10-4200/200-AK	11	10	4 200	200	Y	BFM11/$\sqrt{3}$-200-1W
TBB10-6000/334-AK	11	10	6 000	315	Y	BFM11/$\sqrt{3}$-334-1W
TBB10-6000/334-BL	11	10	6 000	315	Y-Y	BFM11/$\sqrt{3}$-334-1W
TBB10-600/200-AKW	11	10	600	32	Y	BAM11/$\sqrt{3}$-200-1W

续表

型 号	额定电压/kV	电容器组额定电压/kV	电容器组额定容量/kvar	电容器组额定电流/A	接线方式	并联电容器型号
TBB10-750/250-AKW	11	10	750	39	Y	BAM11/$\sqrt{3}$-250-1W
TBB10-900/300-AKW	11	10	900	47	Y	BAM11/$\sqrt{3}$-300-1W
TBB10-1000/334-AKW	11	10	1 000	53	Y	BAM11/$\sqrt{3}$-334-1W
TBB10-1200/400-AKW	11	10	1 200	63	Y	BAM11/$\sqrt{3}$-400-1W
TBB10-1500/250-AKW	11	10	1 500	79	Y	BAM11/$\sqrt{3}$-250-1W
TBB10-1800/300-AKW	11	10	1 800	95	Y	BAM11/$\sqrt{3}$-300-1W
TBB10-2000/334-AKW	11	10	2 000	105	Y	BAM11/$\sqrt{3}$-334-1W
TBB10-2100/350-AKW	11	10	2 100	110	Y	BAM11/$\sqrt{3}$-350-1W
TBB10-2400/400-AKW	11	10	2 400	126	Y	BAM11/$\sqrt{3}$-400-1W
TBB10-3000/334-AKW	11	10	3 000	157	Y	BAM11/$\sqrt{3}$-334-1W
TBB10-3600/400-AKW	12	10	3 600	173	Y	BAM12/$\sqrt{3}$-400-1W
TBB10-3900/100-AKW	12	10	3 900	188	Y	BAM12/$\sqrt{3}$-100-1W
TBB10-4800/400-AKW	12	10	4 800	230	Y	BAM12/$\sqrt{3}$-400-1W
TBB10-5400/300-AKW	12	10	5 400	260	Y	BAM12/$\sqrt{3}$-300-1W
TBB10-6000/334-AKW	12	10	6 000	289	Y	BAM12/$\sqrt{3}$-334-1W
TBB35-4800/100-AKW	35	38.1	4 800	72.7	Y	BFM11-100-1W
TBB35-6000/100-AKW	35	38.1	6 000	90.9	Y	BFM11-100-1W
TBB35-12000/200-AKW	35	38.1	12 000	181.8	Y	BFM11-200-1W
TBB35-10000/334-AKW	35	38.1	10 000	151.5	Y	BFM11-334-1W
TBB35-10000/334-ACW	35	38.1	10 000	151.5	Y	BFM11-334-1W
TBB35-16000/334-AKW	35	38.1	16 000	242.5	Y	BFM11-334-1W
TBB35-16000/334-ACW	35	38.1	16 000	242.5	Y	BFM11-334-1W
TBB35-16000/334-BLW	35	38.1	16 000	242.5	Y-Y	BFM11-334-1W

注：并联补偿电容器装置型号含义如下。

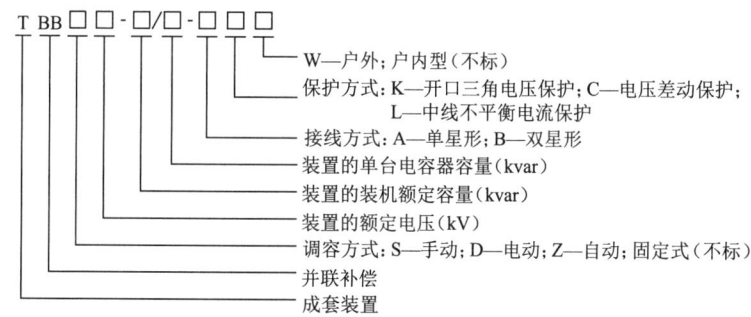

附表 2-13　导体或电缆长期允许工作温度和短路时的允许最高温度及相应的短路热稳定系数

导体种类	导体材质	长期允许工作温度 /℃	短路允许最高温度 /℃	短路热稳定系数 C /(A·s$^{1/2}$·mm^{-2})
母　线	铝	70	200	87
	铜	70	300	171
6 kV 油浸纸绝缘电缆	铝	65	200	87
	铜	65	250	150
10 kV 油浸纸绝缘电缆	铝	60	200	88
	铜	60	250	153
6~10 kV 交联聚氯乙烯绝缘电缆	铝	90	200	77
	铜	90	250	137
聚氯乙烯绝缘电缆	铝	65	160	76
	铜	65	160	115

附表 2-14　扁铜、扁钢以及扁铝的长期允许电流

规格 /mm	质量/(kg·m^{-1}) 铜	质量/(kg·m^{-1}) 铝	铜 每极或每相片数 1	铜 2	铝 1	铝 2	规格 /mm (钢)	质量/(kg·m^{-1})	允许电流 /A
			允许电流/A						
15×3	0.4	0.12	210	—	165	—	20×3	0.47	65/100
20×3	0.53	0.10	275	—	215	—	20×3	0.59	80/120
25×3	0.67	0.2	340	—	265	—	30×3	0.71	95/140
30×4	1.07	0.32	475	—	365/370	—	40×3	0.94	125/190
40×4	1.42	0.43	625	—/1 090	480	—/855	50×3	1.18	155/230
40×5	1.78	0.54	700/705	—/1 250	540/545	—/965	60×3	1.41	185/280
50×5	2.22	0.68	860/870	—/1 525	665/675	—/1 180	80×3	1.88	255/365
50×6	2.67	0.81	955/760	—/1 700	740/745	—/1 315	100×3	2.1	305/460
60×6	3.2	0.97	1 125/1 145	1 740/1 990	870/880	1 350/1 555	—		
80×6	4.27	1.3	1 480/1 510	2 110/2 630	1 150/1 170	1 630/2 055	20×4	0.68	70/115
100×6	5.34	1.62	1 810/1 875	2 470/3 245	1 425/1 455	1 935/2 515	25×4	0.79	85/140
60×8	5.27	1.3	1 320/1 345	2 160/2 485	1 025/1 040	1 680/1 840	30×4	0.94	100/165
80×8	5.7	1.73	1 690/1 755	2 620/3 095	1 320/1 355	2 040/2 400	40×4	1.26	130/220
100×8	7.12	2.16	2 080/2 180	3 060/3 810	1 625/1 690	2 390/2 945	50×4	1.57	165/270
120×8	8.53	2.59	2 400/2 600	3 400/4 400	1 900/2 040	2 650/3 350	60×4	1.88	195/326
60×10	5.34	1.62	1 475/1 525	2 560/2 725	1 155/1 180	2 010/2 110	80×4	2.51	250/426
80×10	7.12	2.16	1 900/1 990	3 100/3 510	1 480/1 540	2 410/2 785	100×4	3.14	320/520

附录2 常用电气设备技术参数

续表

规格/mm	质量/(kg·m⁻¹) 铜	质量/(kg·m⁻¹) 铝	铜 每极或每相片数 1	铜 每极或每相片数 2	铝 1	铝 2	钢 规格/mm	钢 质量/(kg·m⁻¹)	钢 允许电流/A
			允许电流/A						
100×10	8.9	2.7	2 310/2 470	3 610/4 325	1 820/1 910	2 860/3 500	—	—	—
120×10	10.7	3.24	2 650/2 950	4 100/5 000	2 070/2 300	3 200/3 900	—	—	—

注：① 分子为交流电流，分母为直流电流。
② 当空气温度为25 ℃时的允许电流。
③ 当母线平放时，宽度为60 mm及以下的母线允许电流降低5%，宽度大于60 mm的降低8%。

附表2-15 LJ型铝绞线的主要技术参数

额定截面积/mm²	16	25	35	50	70	95	120	150	185	240
实际截面积 mm²	15.9	25.4	34.4	49.5	71.3	95.1	121	185	183	239
股数/外径(mm)	7/10.5	7/6.45	7/7.5	7/9.00	7/10.8	7/12.5	19/14.3	19/15.8	19/17.5	19/20.0
50 ℃时的电阻/(Ω·km⁻¹)	2.07	1.33	0.96	0.66	0.48	0.36	0.28	0.23	0.18	0.14
线间几何均距/mm	线路阻抗/(Ω·km⁻¹)									
600	0.36	0.35	0.34	0.33	0.32	0.31	0.30	0.29	0.28	0.28
800	0.38	0.37	0.36	0.35	0.34	0.33	0.32	0.31	0.30	0.30
1 000	0.40	0.38	0.37	0.36	0.35	0.34	0.33	0.32	0.31	0.31
1 250	0.41	0.40	0.39	0.37	0.36	0.35	0.34	0.34	0.33	0.32
1 500	0.42	0.41	0.40	0.38	0.37	0.36	0.35	0.35	0.34	0.33
2 000	0.44	0.43	0.41	0.40	0.40	0.38	0.37	0.37	0.36	0.35
导线温度 环境温度/℃	允许持续载流量/A									
70 ℃（户外架设） 20	110	142	179	226	278	341	394	462	525	641
25	105	135	170	215	265	325	375	440	500	610
30	98.7	127	160	202	249	306	353	414	470	573
35	93.5	120	151	191	236	289	334	392	445	543
40	86.1	111	139	176	217	267	308	361	410	500

注：TJ型铜绞线的电阻约为同截面积的LJ型铝绞线电阻的0.61倍；TJ型的电抗与LJ型电抗相同；TJ型的载流量约为同截面积LJ型的1.29倍。

附表2-16 LGJ型钢芯铝线的主要技术参数

额定截面积/mm²	35	50	70	95	120	150	185	240
铝线实际截面积/mm²	34.9	48.3	68.1	94.4	116	149	181	239
铝股数/钢股数/外径(mm)	6/1/8.16	6/1/9.60	6/1/11.4	26/7/13.6	26/7/15.1	26/7/17.1	26/7/18.9	26/7/21.7

续表

50 ℃时的电阻/(Ω·km^{-1})		0.89	0.68	0.48	0.35	0.29	0.24	0.18	0.15
线间几何均距/mm		线路阻抗/(Ω·km^{-1})							
1 500		0.39	0.38	0.37	0.35	0.35	0.34	0.33	0.33
2 000		0.40	0.39	0.38	0.37	0.37	0.36	0.35	0.34
2 500		0.41	0.41	0.40	0.39	0.38	0.37	0.37	0.36
3 000		0.43	0.42	0.41	0.40	0.39	0.39	0.38	0.37
3 500		0.44	0.43	0.42	0.41	0.40	0.40	0.39	0.38
4 000		0.45	0.44	0.43	0.42	0.41	0.40	0.40	0.39
导线温度	环境温度/℃	允许持续载流量/A							
70 ℃（户外架设）	20	179	231	289	352	399	467	541	641
	25	170	220	275	335	380	445	515	610
	30	159	207	259	315	357	418	484	574
	35	149	193	228	295	335	391	453	536
	40	137	178	222	272	307	360	416	494

附表 2-17　部分绝缘导线的型号和适用范围

类　别	型　号	名　称	适用范围
橡皮绝缘导线	BLX	铝芯橡皮绝缘导线	固定敷设用。由于它的生产工艺复杂，且耗费大量橡胶和棉纱，现多为 BLV 和 BV 取代
	BX	铜芯橡皮绝缘导线	
	BLXF	铝芯氯丁橡皮绝缘导线	固定敷设用。由于它具有良好的耐气候老化性能和不延燃性，并有一定的耐油、耐腐蚀性能，尤其适合户外
	BXF	铜芯氯丁橡皮绝缘导线	
	BXR	铜芯橡皮软线	室内安装，要求导线较柔软的场合
聚氯乙烯绝缘导线（塑料绝缘导线）	BLV	铝芯聚氯乙烯绝缘导线	固定敷设用，且可直接取代 BLV 和 BX
	BV	铜芯聚氯乙烯绝缘导线	
	BLVV	铝芯聚氯乙烯绝缘聚氯乙烯护套导线	固定敷设用，且可以直接埋地
	BVV	铜芯聚氯乙烯绝缘聚氯乙烯护套导线	
	BLV-105	铝芯耐热 105 ℃聚氯乙烯绝缘导线	高温场所固定敷设用
	BV-105	铜芯耐热 105 ℃聚氯乙烯绝缘导线	
	BVR	铜芯聚氯乙烯绝缘软线	室内安装，要求导线较柔和的场合
聚氯乙烯绝缘软线（塑料绝缘软线）	RV	铜芯聚氯乙烯绝缘软线	供各种低压交流移动电器接线用
	RVV	铜芯聚氯乙烯绝缘聚氯乙烯护套软线	
	RV-105	铜芯耐热 105 ℃聚氯乙烯绝缘软线	同 RV，但用于高温场合

续表

类 别	型 号	名 称	适用范围
阻燃性绝缘导线	ZR-BV	阻燃性铜芯聚氯乙烯绝缘导线	分别与 BV 和 BVR,RV 同,但用于高阻燃要求的场所
	ZR-BVR	阻燃性铜芯聚氯乙烯绝缘软线	
	ZR-RV		
单芯绝缘导线型号的表示	□-□-1×□ 绝缘导线型号 ─┘ │ │ └─ 额定截面积(mm²) 额定电压(V) ─┘ └─ 单芯		
三相四线制(带 PE 线)线路型号的表示	□-□-3×□+1×□+PE□ 绝缘导线型号 ─┘ │ │ │ └─ PE 线截面积(mm²) 额定电压(V) ─┘ │ └─ 中性线截面积(mm²) 相线截面积(mm²) ─┘		

附表 2-18 绝缘导线线芯的允许最小面积(mm²)

敷设方式			铝 芯	铜 芯
照明引下软线(户内、户外有别)			1.5~2.5	0.5~1.0
导线敷设于绝缘子上	户 内	$l \leqslant 2$ m 时	2.5	1.0
	户 外	$l \leqslant 2$ m 时	2.5	1.5
	户内外	2 m<$l \leqslant 6$ m 时	4	2.5
		6 m<$l \leqslant 16$ m 时	6	4
		16 m<$l \leqslant 25$ m 时	10	6
槽板或护套导线扎头直敷			2.5	1.0
线槽敷设			2.5	0.75
穿管敷设			2.5	1.0
PE 线和 PEN 线	单芯线作 PEN 干线时		16	10
	多芯线作 PEN 干线时		4	
	有机械保护的单芯线作 PE 时		2.5	
	无机械保护的单芯线作 PE 时		4	

注:l 为支持点间距。

附表 2-19 绝缘导线的阻抗

导线线芯额定截面积/mm	电阻/($\Omega \cdot km^{-1}$)				电抗/($\Omega \cdot km^{-1}$)					
	导线温度/℃				明敷线距/mm				导线穿管	
	50		60		100		150			
	铝芯	铜芯	铝芯	铜芯	铝芯	铜芯	铝芯	铜芯	铝芯	铜芯
1.5	—	14.00	—	14.50	—	0.324	—	0.368	—	0.138
2.5	13.33	8.40	13.80	8.70	0.327	0.327	0.353	0.353	0.127	0.127

续表

导线线芯额定截面积/mm²	电阻/(Ω·km⁻¹)				电抗/(Ω·km⁻¹)					
	导线温度/℃				明敷线距/mm				导线穿管	
	50		60		100		150			
	铝芯	铜芯	铝芯	铜芯	铝芯	铜芯	铝芯	铜芯	铝芯	铜芯
4	8.25	5.20	8.55	5.38	0.312	0.312	0.338	0.338	0.119	0.119
6	5.53	3.48	5.75	3.61	0.300	0.300	0.325	0.325	0.112	0.112
10	3.33	2.05	3.45	2.12	0.280	0.280	0.306	0.306	0.108	0.108
16	2.08	1.25	2.16	1.30	0.265	0.265	0.290	0.290	0.102	0.102
25	1.31	0.81	1.36	0.84	0.251	0.251	0.277	0.277	0.099	0.099
35	0.94	0.58	0.97	0.60	0.241	0.241	0.266	0.266	0.095	0.095
50	0.65	0.40	0.67	0.41	0.229	0.229	0.251	0.251	0.091	0.091
70	0.47	0.29	0.49	0.30	0.219	0.219	0.242	0.242	0.088	0.088
95	0.35	0.22	0.36	0.23	0.206	0.206	0.231	0.231	0.085	0.085
120	0.28	0.17	0.29	0.18	0.199	0.199	0.223	0.223	0.083	0.083
150	0.22	0.14	0.23	0.14	0.191	0.191	0.216	0.216	0.082	0.082
185	0.18	0.11	0.19	0.12	0.184	0.184	0.209	0.209	0.081	0.081
240	0.14	0.09	0.14	0.09	0.178	0.178	0.200	0.200	0.080	0.080

附表 2-20 聚氯乙烯绝缘导线和橡皮绝缘导线明敷的允许载流量(A)

导线线芯额定截面积/mm²	铝芯(BLV/BLX)				铜芯(BV/BX)			
	环境温度/℃							
	25	30	35	40	25	30	35	40
1.5	18/19	16/18	15/16	14/15	24/27	22/25	20/23	18/21
2.5	25/27	23/25	21/23	19/21	32/35	29/32	27/30	25/27
4	32/35	29/32	27/30	25/27	42/45	39/41	36/39	33/35
6	42/45	39/42	36/38	33/35	55/58	51/54	47/49	43/45
10	59/65	55/60	51/56	46/51	75/84	70/77	64/72	59/66
16	80/85	74/79	69/73	63/67	105/110	98/102	90/94	83/86
25	105/110	98/102	90/95	83/87	138/142	129/132	119/123	109/112
35	130/138	121/129	112/119	102/109	170/178	158/166	147/154	134/141
50	165/175	154/163	142/151	130/138	215/226	201/210	185/195	170/178
70	205/220	191/206	177/190	162/174	265/284	247/266	229/245	209/224
95	250/265	233/247	216/229	197/209	325/342	303/319	281/295	257/270
120	285/310	266/280	246/268	225/245	375/400	350/361	324/346	296/316
150	325/360	3030/336	281/311	257/284	430/464	402/433	371/401	340/366

续表

导线线芯额定截面积 /mm²	铝芯(BLV/BLX)				铜芯(BV/BX)			
	环境温度/℃							
	25	30	35	40	25	30	35	40
185	380/420	335/392	328/363	300/332	490/540	458/506	423/468	387/428
240	—/510	—/476	—/441	—/403	—/660	—/615	—/570	—/520

附表 2-21 聚氯乙烯绝缘导线穿硬塑料敷设的允许载流量(A)

	导线线芯额定截面积 /mm²	2根单芯线 环境温度/℃				2根穿管管径/mm	3根单芯线 环境温度/℃				3根穿管管径/mm	4~5根单芯线 环境温度/℃				4根穿管管径/mm	5根穿管管径/mm
		25	30	35	40		25	30	35	40		25	30	35	40		
铝芯 BLV	2.5	18	16	15	14	15	16	14	13	12	15	14	13	12	11	20	25
	4	24	22	20	18	20	22	20	19	17	20	19	17	16	15	20	25
	6	31	28	26	24	20	27	25	23	21	20	25	23	21	19	25	32
	10	42	39	36	33	25	38	35	32	30	25	33	30	28	26	32	32
	16	55	51	47	43	32	49	45	42	38	32	44	41	38	34	32	40
	25	73	68	63	57	32	65	60	56	51	40	57	53	49	45	40	50
	35	90	84	77	71	40	80	74	69	63	40	70	65	60	55	50	65
	50	114	106	98	90	50	102	95	88	80	50	90	84	77	71	65	65
	70	145	135	125	114	50	130	121	112	102	50	115	107	99	90	65	75
	95	175	163	151	138	65	158	147	136	124	65	140	130	121	110	75	75
	120	200	187	173	158	65	180	168	155	142	65	160	149	138	126	75	80
	150	230	215	198	181	75	207	193	179	163	75	185	172	160	146	80	90
	185	265	247	229	209	75	235	219	203	185	75	212	198	183	167	90	100
铜芯 BV	1.0	12	11	10	9	15	11	10	9	8	15	10	9	8	7	15	15
	1.5	16	14	13	12	15	15	14	12	11	15	13	12	11	10	15	20
	2.5	24	22	20	18	15	21	19	18	16	15	19	17	16	15	20	25
	4	31	28	26	24	20	28	26	24	22	20	25	23	21	18	20	25
	6	41	38	35	32	20	36	33	31	28	20	32	29	27	25	25	32
	10	56	52	48	44	25	49	45	42	38	25	44	41	38	34	32	32
	16	72	67	62	56	32	65	60	56	51	32	57	53	49	45	32	40
	25	95	88	82	75	32	86	79	73	67	40	75	70	64	59	40	50
	35	120	112	103	94	40	105	98	90	83	40	93	86	80	73	50	65
	50	150	140	129	118	50	132	123	114	104	50	117	109	101	92	65	65
	70	185	172	160	146	50	167	156	114	130	50	148	138	128	117	65	75
	95	230	215	198	181	65	205	191	177	162	65	185	172	160	146	75	75

续表

导线线芯额定截面积 /mm²	2根单芯线 环境温度/℃				2根穿管管径 /mm	3根单芯线 环境温度/℃				3根穿管管径 /mm	4～5根单芯线 环境温度/℃				4根穿管管径 /mm	5根穿管管径 /mm
	25	30	35	40		25	30	35	40		25	30	35	40		
铜芯BV 120	270	252	233	213	65	240	224	207	189	65	215	201	185	172	75	80
铜芯BV 150	305	285	263	241	75	275	257	237	217	75	250	233	216	197	80	90
铜芯BV 185	355	331	307	280	75	310	289	268	245	75	280	261	242	221	90	100

附表 2-22 部分电力电缆的型号和适用范围

类别	型号	名称	适用范围
聚氯乙烯绝缘护套电力电缆	VLV	铝芯聚氯乙烯绝缘聚氯乙烯护套电力电缆	敷设在室内、隧道内及管道中,电缆不能承受压力和机械外力作用
	VV	铜芯聚氯乙烯绝缘聚氯乙烯护套电力电缆	
	VLV$_{22}$	铝芯聚氯乙烯绝缘钢带铠装聚氯乙烯护套电力电缆	敷设在室内、隧道内及直埋土壤中,电缆能承受压力和其他外力作用
	VV$_{22}$	铜芯聚氯乙烯绝缘钢带铠装聚氯乙烯护套电力电缆	
	ZC-VLV$_{22}$	铝芯聚氯乙烯绝缘钢带铠装聚氯乙烯护套C类阻燃电力电缆	适宜对阻燃有要求时埋地敷设,不适宜管道内敷设
	ZC-VV$_{22}$	铜芯聚氯乙烯绝缘钢带铠装聚氯乙烯护套C类阻燃电力电缆	
交联聚乙烯绝缘电力电缆	YJLV	铝芯交联聚乙烯绝缘聚氯乙烯护套电力电缆	敷设于室内、隧道内、电缆沟及管道中,也可埋在松散的土壤中,电缆能承受一定的敷设牵引
	YJV	铜芯交联聚乙烯绝缘聚氯乙烯护套电力电缆	
	YJLV$_{22}$	铝芯交联聚乙烯绝缘钢带铠装聚氯乙烯护套电力电缆	敷设于室内、隧道内、电缆沟、管道中及直埋土壤中,电缆能承受一定的敷设牵引和机械外力
	YJV$_{22}$	铜芯交联聚乙烯绝缘钢带铠装聚氯乙烯护套电力电缆	
	ZC-YJLV$_{22}$	铝芯交联聚乙烯绝缘钢带铠装聚氯乙烯护套C类阻燃电力电缆	适宜对阻燃有要求时埋地敷设,不适宜管道内敷设
	ZC-YJV$_{22}$	铜芯交联聚乙烯绝缘钢带铠装聚氯乙烯护套C类阻燃电力电缆	

续表

类　别	型　号	名　称	适用范围
通用橡套软电缆	YZ	中型橡套软电缆	用于各种移动电气设备和工具
	YZW	中型稳定橡套软电缆	
	YC	重型橡套软电缆	用于各种移动电气设备,能承受较大的机械外力作用
	YCW	重型稳定橡套软电缆	
	YHZ	中型铜芯橡胶绝缘护套电力电缆	适用于移动电气设备。线芯有单芯、二芯、三芯和四芯,其中第四芯常用于接地
	YHC	重型铜芯橡胶绝缘护套电力电缆	
橡皮绝缘电力电缆	XQ	铜芯橡皮绝缘铅包电力电缆	敷设在室内、隧道内及管道中,电缆不能受拉力和机械外力作用,对铅护层应有中性环境
	XLQ	铝芯橡皮绝缘铅包电力电缆	
	XQ$_2$	铜芯橡皮铅包钢带铠装电力电缆	敷设在地下,电缆不能承受大的拉力
	XQ$_{20}$	铜芯橡皮铅包裸钢带铠装电力电缆	敷设在室内、隧道内及管道中,电缆不能承受大的拉力
	XV	铜芯橡皮绝缘聚氯乙烯护套电力电缆	适合敷设在室内、隧道内及管道中,不能承受机械外力作用
	XLV	铝芯橡皮绝缘聚氯乙烯护套电力电缆	
	XF	铜芯橡皮绝缘氯丁护套电力电缆	
	XLF	铝芯橡皮绝缘氯丁护套电力电缆	
	XV$_{29}$	铜芯橡皮绝缘聚氯乙烯护套内钢带铠装电力电缆	适合敷设在地下,能承受一定机械外力作用,但不能承受大的拉力
	XLV$_{29}$	铝芯橡皮绝缘聚氯乙烯护套内钢带铠装电力电缆	

附表 2-23　电力电缆的电阻与电抗值

额定截面积 /mm²	电阻/(Ω·km⁻¹)								电抗/(Ω·km⁻¹)					
	铝芯电缆				铜芯电缆				纸绝缘电缆			塑料电缆		
	缆芯工作温度/℃								额定电压/kV					
	55	60	75	80	55	60	75	80	1	6	10	1	6	10
2.5	—	14.38	15.13	—	—	8.54	8.98	—	0.098	—	—	0.100	—	—
4	—	8.99	9.45	—	—	5.34	5.61	—	0.091	—	—	0.093	—	—
6	—	6.00	6.13	—	—	3.56	3.75	—	0.087	—	—	0.091	—	—
10	—	3.60	3.78	—	—	2.13	2.25	—	0.081	—	—	0.087	—	—
16	2.21	2.25	2.36	2.4	1.31	1.33	1.4	1.43	0.077	0.099	0.110	0.082	0.124	0.133
25	1.41	1.44	1.51	1.54	0.84	0.85	0.90	0.91	0.067	0.088	0.098	0.075	0.111	0.120
35	1.01	1.03	1.08	1.10	0.60	0.61	0.64	0.65	0.065	0.083	0.092	0.073	0.105	0.113
50	0.71	0.72	0.76	0.77	0.42	0.43	0.45	0.46	0.063	0.079	0.087	0.071	0.099	0.107
70	0.51	0.52	0.54	0.56	0.30	0.31	0.32	0.33	0.062	0.076	0.083	0.070	0.093	0.101

续表

额定截面积/mm²	电阻/(Ω·km⁻¹)								电抗/(Ω·km⁻¹)					
	铝芯电缆				铜芯电缆				纸绝缘电缆			塑料电缆		
	缆芯工作温度/℃								额定电压/kV					
	55	60	75	80	55	60	75	80	1	6	10	1	6	10
95	0.37	0.38	0.40	0.41	0.22	0.23	0.24	0.24	0.062	0.074	0.080	0.070	0.089	0.096
120	0.29	0.30	0.31	0.32	0.17	0.18	0.19	0.19	0.062	0.072	0.078	0.070	0.087	0.095
150	0.24	0.24	0.25	0.26	0.14	0.14	0.15	0.15	0.062	0.071	0.077	0.070	0.085	0.093
185	0.20	0.20	0.21	0.21	0.12	0.12	0.12	0.13	0.062	0.070	0.075	0.070	0.082	0.090
240	0.15	0.16	0.16	0.17	0.09	0.09	0.10	0.11	0.062	0.069	0.073	0.070	0.080	0.087

附表 2-24　26/35 kV 电压等级 YJV，YJLV，ZC-YJV，ZC-YJLV 电缆技术参数

标称截面/mm²	绝缘厚度/mm	计算外径/mm	电容/(μF·km⁻¹)	在空气中敷设近似载流量/A		埋地敷设近似载流量/A		成品近似质量/(kg·km⁻¹)	
				铜芯	铝芯	铜芯	铝芯	铜芯	铝芯
50	10.5	38.8	0.12	245	190	225	175	1 745	1 435
70	10.5	40.7	0.13	305	235	275	215	2 025	1 591
95	10.5	42.3	0.15	370	285	330	255	2 331	1 742
120	10.5	43.9	0.16	425	330	375	290	2 647	1 903
150	10.5	45.5	0.17	485	375	420	325	2 998	2 068
185	10.5	47.3	0.18	555	430	475	370	3 414	2 218
240	10.5	49.7	0.19	650	505	555	430	4 044	2 556
300	10.5	51.9	0.21	745	580	630	490	4 696	2 836
400	10.5	55.3	0.23	870	680	720	565	5 801	3 320
500	10.5	60.3	0.25	1 000	790	825	645	7 132	4 032
630	10.5	64.5	0.28	1 160	920	940	740	8 515	4 609

附表 2-25　10 kV 铝芯电缆的允许载流量(A)

绝缘类型	黏性油浸纸		不滴油纸		交联聚乙烯			
钢铠护套	有		有		无		有	
缆芯最高工作温度/℃	60		65		90			
敷设方式	空气中	直埋	空气中	直埋	空气中	直埋	空气中	直埋
三芯电缆缆芯截面积/mm² 16	42	55	47	59	—	—	—	—
25	56	75	63	79	100	90	100	90
35	68	90	77	95	123	110	123	105
50	81	107	92	111	146	125	141	120

续表

敷设方式		空气中	直埋	空气中	直埋	空气中	直埋	空气中	直埋
三芯电缆缆芯截面积/mm²	70	106	133	118	138	178	152	173	152
	95	126	160	143	169	219	182	214	182
	120	146	182	168	196	251	205	246	205
	150	171	206	189	220	283	223	278	219
	185	195	233	218	246	324	252	320	247
	240	232	272	261	290	378	292	373	292
	300	260	308	295	325	433	332	428	328
	400	—	—	—	—	506	378	501	374
	500					579	428	574	424

附表 2-26 12/20 kV 电压等级 YJV22, YJLV22, ZC-YJV22, ZC-YJLV22 电缆技术参数

标称截面/mm²	绝缘厚度/mm	计算外径/mm	电容/(μF·km⁻¹)	在空气中敷设近似载流量/A		埋地敷设近似载流量/A		成品近似质量/(kg·km⁻¹)	
				铜芯	铝芯	铜芯	铝芯	铜芯	铝芯
3×25	5.5	55.5	0.22	129	100	155	120	3 833	3 476
3×35	5.5	57.9	0.25	156	120	185	144	4 313	3 702
3×50	5.5	61.1	0.26	184	143	218	169	5 281	4 311
3×70	5.5	64.9	0.28	229	177	267	207	5 878	4 399
3×95	5.5	68.8	0.30	275	213	319	247	6 867	4 770
3×120	5.5	72.2	0.32	316	246	363	282	7 906	5 192
3×150	5.5	75.8	0.33	363	281	412	319	9 045	5 554
3×185	5.5	79.9	0.35	408	317	460	357	10 435	6 070
3×240	5.5	68.4	0.38	478	372	531	413	13 299	7 532
3×300	5.5	91.6	0.40	546	425	598	466	15 463	8 169
3×400	5.5	101.8	0.44	638	501	686	539	19 505	9 662

附表 2-27 6/10 kV 电压等级 YJV22, YJLV22, ZC-YJV22, ZC-YJLV22 电缆技术参数

标称截面/mm²	绝缘厚度/mm	计算外径/mm	电容/(μF·km⁻¹)	在空气中敷设近似载流量		埋地敷设近似载流量		成品近似质量/(kg·km⁻¹)	
				铜芯	铝芯	铜芯	铝芯	铜芯	铝芯
3×25	3.4	45.5	0.28	123	95	154	119	2 920	2 468
3×35	3.4	47.6	0.28	149	115	185	143	3 349	2 641
3×50	3.4	51.0	0.30	178	138	218	169	4 025	2 951
3×70	3.4	55.1	0.33	220	170	264	205	4 867	3 302

续表

标称截面 /mm²	绝缘厚度 /mm	计算外径 /mm	电容 /(μF·km⁻¹)	在空气中敷设近似载流量		埋地敷设近似载流量		成品近似质量 /(kg·km⁻¹)	
				铜芯	铝芯	铜芯	铝芯	铜芯	铝芯
3×95	3.4	58.7	0.36	268	207	318	246	5 816	3 604
3×120	3.4	62.1	0.40	307	238	360	280	6 769	3 932
3×150	3.4	65.8	0.41	350	272	406	315	7 861	4 247
3×185	3.4	69.6	0.44	400	311	459	357	9 122	4 625
3×240	3.4	75.0	0.49	472	368	533	415	11 054	5 147
3×300	3.4	80.3	0.51	539	421	603	470	13 132	5 688
3×400	3.4	91.6	0.56	638	502	694	546	17 689	7 684

附表 2-28 1～3 kV 铝芯电缆的允许载流量(A)

绝缘类型		黏性油浸纸、不滴油纸		聚氯乙烯			交联聚乙烯	
钢铠护套		有		有		无	有	
缆芯最高工作温度/℃		80		70			90	
绝缘类型		黏性油浸纸、不滴油纸		聚氯乙烯			交联聚乙烯	
敷设方式		空气中	直埋	空气中	直埋	直埋	空气中	直埋
3芯或4芯电缆缆芯截面积/mm²	4	26	29	21	31	30	—	—
	6	35	38	27	38	37	—	—
	10	44	50	38	53	50	—	—
	16	59	66	52	70	68	—	—
	25	79	88	69	90	87	91	91
	35	98	105	82	110	105	114	113
	50	116	126	104	134	129	146	134
	70	151	154	129	157	152	178	165
	95	182	180	155	189	180	214	195
	120	214	211	181	212	207	246	221
	150	250	240	211	242	237	278	247
	185	285	275	246	273	264	319	278
	240	338	320	294	319	310	378	321
	300	383	356	328	347	341	419	365

注：① 铜芯电缆的允许载流量为表中铝芯电缆允许载流量的1.29倍。
② 环境温度：空气40 ℃，土壤25 ℃。
③ 本表数据引自 GB 50217—1994《电力工程电缆设计规范》。

附表 2-29　0.6/1 kV 电压等级 VV22,VLV22,ZC-VV22,ZC-VLV22 电缆技术参数

标称截面 /mm²	电缆参考外径 /mm	在空气中敷设近似载流量		埋地敷设近似载流量		电缆参考质量 /(kg·km⁻¹)	
		铜芯	铝芯	铜芯	铝芯	铜芯	铝芯
3×4.0+1×2.5	17.6	30	24	37	29	495	405
3×6.0+1×4	19.1	38	30	46	37	608	471
3×10+1×6	21.8	52	40	64	49	834	603
3×16+1×10	25.5	70	55	84	65	1 143	770
3×25+1×16	28.2	93	72	108	84	1 607	1 017
3×35+1×16	30.5	113	88	130	101	2 060	1 197
3×50+1×25	37.0	142	110	158	123	2 795	1 711
3×70+1×35	40.7	181	139	198	152	3 581	2 061
3×95+1×50	45.0	222	172	236	183	4 676	2 611
3×120+1×70	49.7	258	201	269	209	5 751	3 066
3×150+1×70	52.0	297	230	303	235	6 788	3 571
3×185+1×95	59.5	338	262	340	264	6 371	4 350
3×240+1×120	69.5	404	313	396	307	10 523	5 305
3×300+1×150	70.0	472	365	450	349	13 572	6 767
3×400+1×185	84.2	544	422	514	398	18 398	

附表 2-30　500 V 橡皮绝缘电力电缆载流量(A)

主线芯数×截面 (mm²)	中性线芯截面 /mm²	空气中敷设				直埋地			
		铝芯		铜芯		铝芯		铜芯	
		XLV XLHF XLQ XLQ₂₀	XLF XLHF XLQ XLQ₂₀	XV	XF XHF XQ XQ₂₀	XLV₂₉	XLQ₂	XV₂₉	XQ₂
3×1.5	1.5	—	—	18	19	—	—	24	25
3×2.5	2.5/1.5	19	21	24	25	—	—	32	33
3×4	2.5	25	27	32	34	33	44	41	43
3×5	4	32	35	40	44	41	43	52	54
3×10	6	45	48	57	60	56	58	71	74
3×16	6	59	64	76	81	72	76	93	99
3×25	10	79	85	101	107	94	99	120	126
3×35	10	97	104	124	131	113	119	145	151
3×50	16	124	133	158	170	140	148	178	188
3×70	25	150	161	191	205	168	176	213	224

续表

主线芯数×截面 (mm²)	中性线芯截面 /mm²	空气中敷设				直埋地			
		铝芯		铜芯		铝芯		铜芯	
		XLV	XLF XLHF XLQ XLQ$_{20}$	XV	XF XHF XQ XQ$_{20}$	XLV$_{29}$	XLQ$_2$	XV$_{29}$	XQ$_2$
3×95	35	184	197	234	251	200	210	255	267
3×120	35	212	227	209	289	225	238	286	302
3×150	50	245	263	311	337	257	270	326	342
3×185	50	284	303	359	388	289	300	365	385

注：① XHF 表示铜芯橡皮绝缘电力电缆。其中，X 表示绝缘材料为橡皮，H 表示内护层材料为橡皮护套，F 表示结构特征为分相。
② XLHF 表示铝芯橡皮绝缘电力电缆。其中，L 表示导体材料为铝线芯，其他字母表示与上述相同。

附表 2-31　500 V 通用橡套软电缆允许载流量(A)

主线芯截面 /mm²	中性线截面 /mm²	YZ,YZW,YHZ							
		二 芯				三芯、四芯			
		25 ℃	30 ℃	35 ℃	40 ℃	25 ℃	30 ℃	35 ℃	40 ℃
0.5	0.5	12	11	10	9	9	8	7	7
0.75	0.75	14	13	12	11	11	10	9	8
1.0	1.0	17	15	14	13	13	12	11	10
1.5	1.0	21	19	18	16	18	16	15	14
2.0	2.0	26	24	22	20	22	20	19	17
2.5	2.5	30	28	25	25	25	23	21	19
4	2.5	41	38	35	32	36	32	30	27
6	4	53	49	45	41	45	42	38	35

主线芯截面 /mm²	中性线截面 /mm²	YC,YCW,YHC							
		二 芯				三芯、四芯			
		25 ℃	30 ℃	35 ℃	40 ℃	25 ℃	30 ℃	35 ℃	40 ℃
2.5	1.5	30	28	25	23	26	24	22	20
4	2.5	39	36	33	30	34	31	29	26
6	4	51	47	44	40	43	40	37	34
10	6	74	69	64	58	63	58	54	49
16	6	98	91	84	77	84	78	72	66
25	10	135	126	116	106	115	107	99	90
35	10	167	156	144	132	142	132	122	112

续表

主线芯截面/mm²	中性线截面/mm²	YC,YCW,YHC							
		二芯				三芯、四芯			
		25 ℃	30 ℃	35 ℃	40 ℃	25 ℃	30 ℃	35 ℃	40 ℃
50	16	208	194	179	164	176	164	152	139
70	25	259	242	224	204	224	209	193	177
95	35	318	297	275	251	273	255	236	215
120	35	371	346	320	293	316	295	273	249

附表 2-32 部分六氟化硫断路器的主要技术参数

型 号	额定电压/kV	额定电流/A	开断电流/kA	极限通过电流峰值/kA	热稳定电流/kA	固有分闸时间/s	合闸时间/s
LN2-10	10	1 250	25	63	25(4 s)	≤0.06	≤0.15
LN2-35 Ⅰ	35	1 250	16	40	16(4 s)	≤0.06	≤0.15
LN2-35 Ⅱ		1 250	25	63	25(4 s)		
LN2-35 Ⅲ		1 600	25	63	25(4 s)		
LW7-110 Ⅰ	110	2 500	31.5	125	50(3 s)	≤0.03	≤0.09
LW7-110 Ⅱ		3 150	40				
HPL245B1	245	4 000	63	158/164		≤0.022	≤0.065
HPL420B2	362	4 000	63	158/164		≤0.022	≤0.065
HPL550B2	550	4 000	63	158/164		≤0.022	≤0.065
HPL800B4	800	4 000	63	158/164		≤0.022	≤0.065

注：断路器型号含义为 L—六氟化硫断路器；N—户内；W—户外；HPL245B1—瓷柱式六氟化硫断路器。

附表 2-33 部分 VD4 户内真空断路器的主要技术参数

型 号	额定电压/kV	额定电流/A	额定开断电流/kA	热稳定电流(3 s)/kA	动稳定电流/kA	分闸时间/ms	合闸时间/ms	燃弧时间/ms
VD4-3	3	630,1 250,1 600,2 500,3 150	16,20,25,31.5,40,50	16,20,25,31.5,40,50	40,50,63,80,100,125	45	70	10~15
VD4-6	6							
VD4-10	10							
VD4-12	12	630,1 250,1 600,2 500	16	20,25,31.5				
VD4-24	24			20,25				

附表 2-34　常用高压户内真空断路器的主要技术参数

型　号	额定电压/kV	额定电流/A	开断电流/kA	极限通过电流峰值/kA	热稳定电流/kA	固有分闸时间/s	合闸时间/s
ZN3-10Ⅰ	10	630	8	20	8(4 s)	≤0.07	≤0.15
ZN3-10Ⅱ		1 000	20	50	20(20 s)	≤0.05	≤0.1
ZN4-10/1000		1 000	17.3	44	17.3(4 s)	≤0.05	≤0.2
ZN4-10/1250		1 250	20	50	20(4 s)		
ZN5-10/630		630	20	50	20(2 s)	≤0.05	≤0.1
ZN5-10/1000		1 000	20	50	20(2 s)		
ZN5-10/1250		1 250	25	63	25(2 s)		
ZN12-10/1250		1 250	25	63	25(4 s)	≤0.06	≤0.1
ZN12-10/2000		2 000					
ZN12-10/1250		1 250	31.5	80	31.5(4 s)		
ZN12-10/2000		2 000					
ZN12-10/2500		2 500	40	100	40(4 s)		
ZN12-10/3150		3 150					
ZN24-10/1250		1 250	20	50	20(4 s)		
ZN24-10/1250		1 250	31.5	80	31.5(4 s)		
ZN24-10/2000		2 000					
ZN23-35/1600	35	1 600	25	63	25(4 s)	≤0.06	≤0.075
ZN12-35/1250		1 250	25	63	25(4 s)	≤0.075	≤0.09
ZN12-35/1600		1 600	31.5	80	31.5(4 s)		
ZN12-35/2000		2 000	31.5	80	31.5(4 s)		

附表 2-35　常用高压户外真空断路器的主要技术参数

型　号	额定电压/kV	额定电流/A	开断电流/kA	极限通过电流峰值/kA	热稳定电流/kA	固有分闸时间/ms	合闸时间/ms
ZW8-12	12	100,200,300,400,630,1 250	6.3,12.5,16,20	16,31.5,40,50	6.3,12.5,16,20	—	—
ZW32-12	12	630	20	50	—		
ZW-24（柱上）	24	630~1250	25,31.5	63/80	25/31.5(3 s)	30~60	35~65
ZW-24	24	630	20	50	20		
ZW7-40.5	40.5	1600	20	50	—		

附表 2-36 高压隔离开关的主要技术参数

型　号	额定电压/kV	额定电流/A	极限通过电流峰值/kA	热稳定电流/kA	
				4 s	5 s
GN8-10T/200	10	200	25.5	—	10
GN8-10T/400		400	40		14
GN8-10T/600		600	52		20
GN8-10T/1000		1 000	75		30
GN10-10T/3000	10	3 000	160		75
GN10-10T/4000		4 000	160		80
GN10-10T/5000		5 000	200		100
GN19-10T/400	10	400	31.5	12.5	—
GN19-10T/630		630	50	20	
GN19-10T/1000		1 000	80	31.5	
GN19-10T/1250		1 250	100	40	
GW4-35G/600	35	600	50	—	14
GW4-110D/600	110	600	50		14
GW4-110D/1000	110	1 000	80		21.5
GW5-35G/600	35	600	72	16	—
GW5-35G/1000	35	1 000	83	25	
GW5-110D/600	110	600	72	16	
GW14-35/630	35	630	40	16	—
GW14-35/1250	35	1 250	80	31.5	
GW14-110/630	110	630	50	20	
GW14-110/1250	110	1 250	80	31.5	

注：隔离开关型号含义如下。

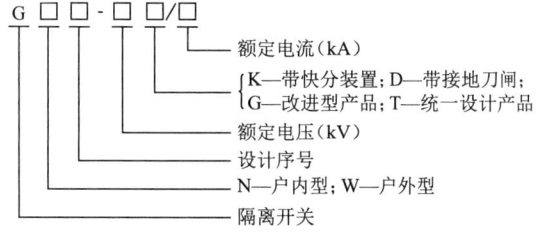

附表 2-37 高压负荷开关的主要技术参数

型 号	额定电压/kV	额定开断容量/(MV·A)		最大开断电流/A		额定电流/A	闭合电流（峰值）/kA	极限通过电流/kA		热稳定电流有效值/kA		
		cos φ =0.15	cos φ =0.70	cos φ =0.15	cos φ =0.70			峰值	有效值	1 s	4 s	5 s
FN3-10	10	15	25	850	1 450	400	15	25	14.5	14.5		8.5
FN3-6	6	9	20	850	1 950	400	15	25	14.5	14.5		8.5
ZNF-10	10				630	630	50	50			20	
FN21-12D					630	630		50			20	
FZN-12	10				3 150	400		40			16	
					3 150	500		50			20	
SPG-38	35					630(400)	31.5	31.5			12.5	
FZW32-40.5	35					1 250	63	63			25	
FZRN21-40.5	35					1250	80	50			20	

附表 2-38 户内高压熔断器的主要技术参数

型 号	额定电压/kV	额定电流/A	最大开断容量/(MV·A)	最大开断电流有效值/kA	最大开断电流峰值/kA
RN1-6	6	20	200	20	5.2
		75			14
		100			19
		200			25
RN1-10	10	20	200	12	4.5
		50			8.6
		100			15.5
		200			—
RN1-35	35	10	200	3.5	1.6
		20			2.8
		30			3.6
		40			4.2
RN2-6	6	0.5	500	85	200
RN2-10	10	0.5	1 000	50	350
RN2-35	35	0.5	1 000	17	700

附表 2-39 户外高压熔断器的主要技术参数

型　号	额定电压/kV	额定电流/A	熔体电流/A	断流容量/kA 上限	断流容量/kA 下限
RW4-10	10	50	2,3,5,7.5,10,15,20,25 30,40,50,75,100	75	10
		100		100	30
		200		100	30
RW5-35	35	50	2,3,5,7.5,10,15,20,25 30,40,50,75,100,150,200	200	15
		100		400	20
		200		800	30
RW10-10	10	50	2,3,5,7.5,10,15,20,25 30,40,50,75,100,150,200	200	40
		100			
		200			
RW10-35	35	2	2	600	—
		3	3		
		5	5		

附表 2-40 干式空心限流电抗器的主要技术参数

型　号	额定电压/kV	额定电流/A	电抗率/%	动稳定电流/kA	极限通过电流/kA	额定电感/mH	单相容量/(kV·A)	单相损耗/kW
XKDGKL-7-400-3	6	400	3	25.5	10	0.827	41.6	1.910
XKDGKL-7-400-4			4			1.103	55.4	2.296
XKDGKL-7-400-5			5			1.378	69.3	2.649
XKDGKL-7-400-6			6			1.654	83.1	2.979
XKDGKL-10-400-3	10	400	3	25.5	10	1.378	69.3	2.649
XKDGKL-10-400-4			4			1.838	92.4	3.185
XKDGKL-10-400-5			5			2.297	115.5	3.688
XKDGKL-10-400-6			6			2.757	138.6	4.151
XKDGKL-7-600-4	6	600	4	38.25	15	0.735	83.1	2.957
XKDGKL-7-600-5			5			0.919	103.9	3.395
XKDGKL-7-600-6			6			1.103	124.7	3.089
XKDGKL-10-600-4	10	600	4	38.25	15	1.225	138.6	4.077
XKDGKL-10-600-5			5			1.531	173.2	4.585
XKDGKL-10-600-6			6			1.838	207.8	5.115

续表

型　号	额定电压/kV	额定电流/A	电抗率/%	动稳定电流/kA	极限通过电流/kA	额定电感/mH	单相容量/(kV·A)	单相损耗/kW
XKDGKL-7-800-4	6	800	4	51	20	0.551	110.9	3.340
XKDGKL-7-800-5			5			0.689	138.6	3.794
XKDGKL-7-800-6			6			0.827	166.3	4.254
XKDGKL-7-800-8			8			1.103	221.7	5.219
XKDGKL-7-800-6			10			1.378	277.1	5.779
XKDGKL-10-800-4	10		4			0.919	184.8	4.556
XKDGKL-10-800-5			5			1.149	230.9	5.078
XKDGKL-10-800-6			6			1.379	277.1	5.779
XKDGKL-10-800-8			8			1.838	369.5	7.012
XKDGKL-10-800-10			10			2.297	461.9	7.827
XKDGKL-7-1000-4	6	1 000	4	63.75	25	0.441	138.6	3.836
XKDGKL-7-1000-5			5			0.551	173.2	4.398
XKDGKL-7-1000-6			6			0.662	207.8	4.795
XKDGKL-7-1000-8			8			0.882	277.1	5.780
XKDGKL-10-1000-4	10		4			0.735	230.9	5.158
XKDGKL-10-1000-5			5			0.919	288.7	5.751
XKDGKL-10-1000-6			6			1.103	346.4	6.687
XKDGKL-10-1000-8			8			1.470	461.9	7.789
XKDGKL-7-1500-4	6	1 500	4	95.63	37.5	0.294	207.8	4.955
XKDGKL-7-1500-5			5			0.368	259.8	5.714
XKDGKL-7-1500-6			6			0.441	311.8	6.405
XKDGKL-7-1500-8			8			0.588	415.7	7.500
XKDGKL-7-1500-10			10			0.375	519.6	8.636
XKDGKL-7-1500-12			12			0.882	623.5	9.700
XKDGKL-10-1500-4	10		4			0.490	646.4	6.691
XKDGKL-10-1500-5			5			0.613	433.0	7.686
XKDGKL-10-1500-6			6			0.735	519.6	8.636
XKDGKL-10-1500-8			8			0.980	692.8	10.398
XKDGKL-10-1500-10			10			1.225	866.0	11.932
XKDGKL-10-1500-12			12			1.470	1039.2	13.002

注：干式空心限流电抗器型号含义如下。

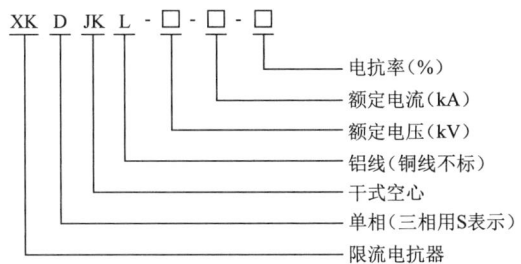

附表2-41　LQJ-10型电流互感器的主要技术参数

型号	一次侧额定电流/A	级次组合	第一铁芯			第二铁芯			10%倍数	1s热稳定倍数	动稳定倍数	
			准确等级	额定容量/(V·A)	额定负载/Ω	准确级次	额定容量/(V·A)	额定负载/Ω			5~100 A	150~400 A
LQJ-10	5~100	0.5/3	0.5	—	0.4	3	—	1.2	>6	90	225	—
	150~400	0.5/3	0.5	—	0.4	3	—	1.2	>6	75	—	160
	5~400	0.5/1	0.5	15	0.6	1	30	1.2	65~70	150~200	150	
		0.5/1	0.5	15	0.6	3	30	1.2	>6			
	5~400	1/3	1	15	0.6	3	30	1.2	70~80	150~200	150~165	
		1/1	1	15	0.6	1	15	0.6				

注：该型电流互感器系环氧树脂浇注式，具有较小外形尺寸，安装于各种配电装置内。

电流互感器型号含义如下：

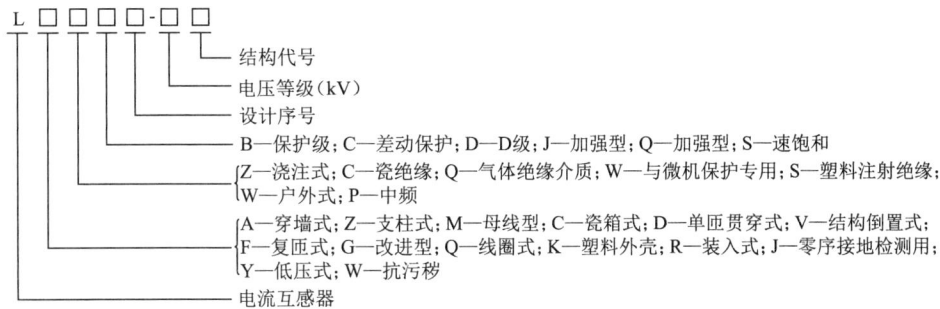

附表2-42　LMJ-10型电流互感器的主要技术参数

型号	一次侧额定电流/A	级次组合	准确等级	额定二次侧负荷/Ω			10%倍数	1s稳定倍数	动稳定倍数
				0.5级	1级	3级			
LMJ-10	600,800	0.5/3	0.5	0.4	0.6		10	65	100
	1 000,1 500		3			0.6			60
	600,800	1/3	1		0.4		10	65	100
	1 000,1 500		3			0.6			60

续表

型号	一次侧额定电流/A	级次组合	准确等级	额定二次侧负荷/Ω			10%倍数	1 s稳定倍数	动稳定倍数
				0.5级	1级	3级			
LMJC-10	600,800	0.5/3	0.5	0.6	0.8		10	65	100
	1 000,1 500		3			1.2			60
	600,800	1/C	1		0.4				100
	1 000,1 500		C						60
	600,800	0.5/C	0.5	0.6	0.8				100
	1 000,1 500		C						60

附表 2-43 LGB-220,110,66,35 型高压干式电容型电流互感器的主要技术参数

一次侧额定电流/A	在下列准确等级下的额定容量/(V·A)				热稳定热电流/kA	热电流试验时间/s	动稳定电流/kA
	0.2S	0.2	0.5	5P20			
100,200	15	20	20	20	20	4	55
300,600	20	20	30	30	31.5	4	75
1 000,1 500,2 000	30	30	30	30	63	4	126

附表 2-44 高压电流互感器的主要技术参数

产品型号	一次侧额定电流/A	级次组合	在下列准确等级下的额定容量/(V·A)				1 s热稳定电流/kA	动稳定电流/kA
			0.2S级	0.2级	0.5级	10P10级		
LA-10QW LAZB-10Q	5	0.2S/10P10 0.2/10P10 0.5/10P10 1/10P10 10P15/10P15	10	10	10	15	0.5	0.8
	10						0.9	1.6
	15						1.4	2.4
	20						1.8	3.2
	30						2.7	4.8
	40						3.6	6.4
	50						4.5	8
	75						6.8	12
	100						9	16
	150						13.5	24
	200						18	32
	300						22.5	40.5
	400						30	54
	500						30	54
	600						30	54
	800						40	72
	1 000						50	90

续表

产品型号	一次侧额定电流/A	级次组合	在下列准确等级下的额定容量/(V·A)				1 s热稳定电流/kA	动稳定电流/kA
			0.2S级	0.2级	0.5级	10P10级		
LZJ-10 LZJC-10 LZJD-10	5	0.2S/10P15 0.2/10P15 0.5/10P15 1/10P15	10	10	10	15	0.4	0.8
	10						0.8	1.5
	15						1.1	2.3
	20						1.5	3
	30						2.3	4.5
	40						3	6
	50						3.8	7.5
	75						5.6	11.3
	100						7.5	15
	150						11.3	23
	200						15	30
	300						22.5	45
	400						30	60
	600						30	60
	800						40	80
	1 000						45	90
	1 500						45	90
LFZ1-10	5	0.2S/10P10 0.2/10P10 0.5/10P10	10	10	10	10P10 15	0.5	0.8
	10						0.9	1.6
	15						1.4	2.4
	20						1.8	3.2
	30						2.7	4.8
	40						3.6	6.4
	50						4.5	8
	75						6.8	12
	100						9	16
	150						13.5	24
	200						18	32
	300						24	42
LFZJ1-10	20	0.2/10P15 0.5/10P15	10	15	20	30	1.8	3.2
	30						2.7	4.8
	40						3.6	6.4
	50						4.5	8

续表

产品型号	一次侧额定电流/A	级次组合	在下列准确等级下的额定容量/(V·A)				1 s热稳定电流/kA	动稳定电流/kA
			0.2S级	0.2级	0.5级	10P10级		
LFZJ1-10	75	0.2/10P15 0.5/10P15	10	15	20	30	6.8	12
	100						9	16
	150						13.5	24
	200						18	32
	300						24	42
LZW-12	50	0.2S/10P15 0.2/10P15 0.5/10P15	10	10	10	15	25	25
	75							
	100							
	150							
	200						50	50
	300							
	400							
	600						60	60
	800							
LZW-35	20	0.2S/10P15 0.2/10P15 0.5/10P15	10	20	50	(5P15) 50	2.5	6.25
	30							
	40						7.5	18.75
	50							
	75						15	37.5
	100							
	150-300						45	112.5
	400~1 000						120	300
	1 250~2 000						90	475

附表 2-45 部分高低压电压互感器的主要技术参数

型 号	额定电压比	额定容量/(V·A)（cos φ=0.80）			最大容量/(V·A)	连接组别
		0.5级	1级	3级		
JDZ-6	6 000 V/100 V	50	80	200	300	
JDZ1-6	$\frac{6\,000}{\sqrt{3}}$ V / $\frac{100}{\sqrt{3}}$ V	50	80	200	400	I/I-12
JDZ2-6	6 000 V/100 V	50	80	200	400	

续表

型 号	额定电压比	额定容量/(V·A) (cos φ=0.80)			最大容量/(V·A)	连接组别
		0.5级	1级	3级		
JDZ-10	10 000 V/100 V	80	120	300	500	I/I-12
JDZ1-10	$\dfrac{10\,000}{\sqrt{3}}$ V$/\dfrac{100}{\sqrt{3}}$ V	50	80	200	400	
JDZ2-10	10 000 V/100 V	50	80	200	400	
JDZJ-6	$\dfrac{6\,000}{\sqrt{3}}$ V$/\dfrac{100}{\sqrt{3}}$ V$/\dfrac{100}{3}$ V	30	50	100	400	I/I/I-12-12
JDZB-6		50	80	200	400	
JDZJ-10	$\dfrac{10\,000}{\sqrt{3}}$ V$/\dfrac{100}{\sqrt{3}}$ V$/\dfrac{100}{3}$ V	40	60	150	300	
JDZB-10		50	80	200	400	
JDZ6-6 JDZJ6-6	$\dfrac{6\,000}{\sqrt{3}}$ V$/\dfrac{100}{\sqrt{3}}$ V$/\dfrac{100}{3}$ V	50	80	200	400	
JDZ6-10 JDZJ6-10	$\dfrac{10\,000}{\sqrt{3}}$ V$/\dfrac{100}{\sqrt{3}}$ V$/\dfrac{100}{3}$ V	50	80	200	400	
JDG-0.5	220 V,380 V,500 V/100 V	25	40	200	200	I/I-12
JDG1-0.5		15	25	50	120	
JDG4-0.5		15	25	50	100	
JDG6-0.38	380 V/100 V	15	25	60	100	

注:电压互感器型号含义如下。

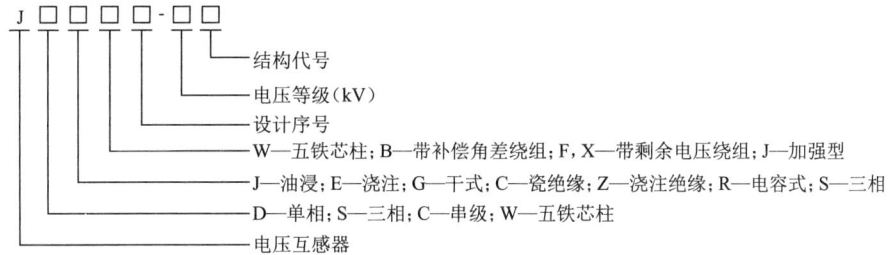

附表 2-46 低压电流互感器的主要技术参数

型 号	一次侧额定电流/A	准确等级	二次侧负荷/Ω		10%倍数		1 s 热稳定倍数	动稳定倍数	可穿过的铝母线尺寸/mm²
			0.5级	1级	二次侧负荷/Ω	倍数			
LM1-0.5 LMK1-0.5	5,10,15,30, 50,75,150 20,40,100,200 300 400	0.5	0.2	0.3					25×3 25×3 30×4 40×5

续表

型号	一次侧额定电流/A	准确等级	二次侧负荷/Ω 0.5级	二次侧负荷/Ω 1级	10%倍数 二次侧负荷/Ω	10%倍数 倍数	1 s热稳定倍数	动稳定倍数	可穿过的铝母线尺寸/mm²
LMZ1-0.5 LMS-0.5	5,10,15,20,30,40,50 75,100,150,200 300 400	0.5 1	0.2	0.3	—	—	—	—	25×3 30×4 40×5
LQ-0.5	5～300 400 600,700	0.5	0.2	—	0.2	6 4 6	50	100	—
LQC-0.5	5～750	0.5	0.4	0.6	0.4	6	50	70	
LM-0.5	800 1 000 1 500	3	—	—	—	13 17 21			

附表 2-47　低压电压互感器的主要技术参数

型号	额定电压比	在下列准确等级下的额定容量/(V·A) 0.5级	1级	3级	最大容量/(V·A)
JDG-0.5	380 V/100 V	25	40	100	200
JDG-0.5	500 V/100 V	25	40	100	200
JDG3-0.5	380 V/100 V	—	15	—	60

附表 2-48　常用支柱式绝缘子和穿墙套管的主要技术参数

支柱式绝缘子				穿墙套管				
型号	额定电压/kV	绝缘子高度/mm	机械破坏负荷/N	型号	额定电压/kV	额定电流（母线尺寸 220 mm×210 mm）/A	套管长度/mm	机械破坏负荷/N
ZC-10	10	225	12 250	CMWD2-20	20	4 000	645	19 600
ZD-10	10	235	19 600	CMWF2-20	20	8 000	625	39 200

注：Z—户内外胶装支柱瓷绝缘子；C，D—机械强度（弯曲）等级代号，C表示12.5 kN，D表示20 kN。

附表 2-49 常用电工仪表和继电器的线圈阻抗和线圈负荷

元件名称	型 号	每个电流线圈 内阻抗/Ω	每个电流线圈 负荷/(V·A)	每个电压线圈的负荷/(V·A)
电流表	1T1-A	0.12	3	—
电流表	16L1-A	0.02	0.5	—
电压表	1T1-V	—	—	4.5
电压表	16L1-V	—	—	0.3
有功功率表	1D1-W,16D3-W	0.06	1.5	0.75
无功功率表	1D1-VAR,16D3-VAR	0.06	1.5	1.0
三相三线有功电度表	DS_1,DS_2,DS_3	0.02	0.5	1.5
三相四线有功电度表	DT_1,DT_2,DT_2-T	0.06	1.5	1.5
三相三线无功电度表	DX_2,DX_8	0.02	0.5	1.5
频率表	1D1-HZ	—	—	2
功率因数表	$\frac{1D1}{1D_5}-\cos\varphi$	0.14	3.5	0.75
有功无功电力表	$\frac{1D1}{16D_3}$-WVAR	0.06	1.5	1.0
自动记录式仪表	LD_5,LD_6,LD_7,LD_8	—	6	6~13
电流继电器	GL/(5 A,10 A)	0.6;0.15	15	—
电流继电器	DL/(0.2~20 A)	0.04	0.25	—
电流继电器	DL/(50~100 A)	0.004	2.5	—
电流继电器	DL/200 A	0.004	10	—
电压继电器	DJ	—	—	1
差动继电器	BCH-1	0.27	8.5	—
差动继电器	BCH-2	0.28	14	—
功率继电器	GG-10,GG-20 (灵敏角为 30°,45°,70°)	—	6	35,25,15

附表 2-50 DZ20 系列塑料外壳式低压断路器的主要技术参数

断路器额定电流/A	脱扣器额定电流/A	额定极限短路分断能力/kA 380 V	额定极限短路分断能力/kA $\cos\varphi$	额定运行短路分断能力/kA 380 V	额定运行短路分断能力/kA $\cos\varphi$	瞬时脱扣器整定电流倍数	电寿命/次
100	16,20,22, 40,50,63, 80,100	18	0.30	14	0.30	10	4 000
100	16,20,22, 40,50,63, 80,100	35	0.25	18	0.25	10	4 000
100	16,20,22, 40,50,63, 80,100	100	0.20	50	0.20	10	4 000
200(225)	100,125, 160,180, 200,225	25	0.25	19	0.30	5~10	2 000
200(225)	100,125, 160,180, 200,225	42	0.25	25	0.25	5~10	2 000
200(225)	100,125, 160,180, 200,225	100	0.20	50	0.20	5~10	2 000

续表

断路器额定电流/A	脱扣器额定电流/A	额定极限短路分断能力/kA		额定运行短路分断能力/kA		瞬时脱扣器整定电流倍数	电寿命/次
		380 V	cos φ	380 V	cos φ		
400	200,250,315,350,400	30	0.25	23	0.25	10	1 000
		42	0.25	25	0.25	5～10	
		100	0.20	50	0.20		
630	500,630	30	0.25	23	0.25	5～10	1 000
		42	0.25	25	0.25		
1250	630,700,800,1 000,1 250	50	0.25	38	0.25	4～7	500

附表 2-51　DW15 系列万能式低压断路器(200～500 A)的主要技术参数

断路器额定电流/A	瞬时通断能力有效值/kA						一次极限分断能力有效值/kA	短延时通断能力有效值/kA	机械寿命/次	电寿命/次		
	380	660	1 140	380	660	1 140				380 V	660 V	1 140 V
	额定电压/V			cos φ								
200	20	10	—	0.35	0.30	—	50	4.4	20 000	5 000	2 500	—
400	25	15	10	0.35	0.30	0.30	50	8.8	10 000	2 500	1 500	1 000
600	30	20	12	0.30	0.30	0.30	50	13.2	10 000	2 500	1 500	1 000

附表 2-52　RL6 系列低压熔断器的主要技术参数

型 号	熔管额定电压/V	熔管额定电流/A	熔体额定电流等级/A	额定分断能力/kA
RL6-25/2	500	25	2,4,5,6,10,16,20,25	50
RL6-63		63	35,50,63	
RL1-100		100	80,100	
RL1-200		200	125,160,200	

注:熔断器的型号含义如下。

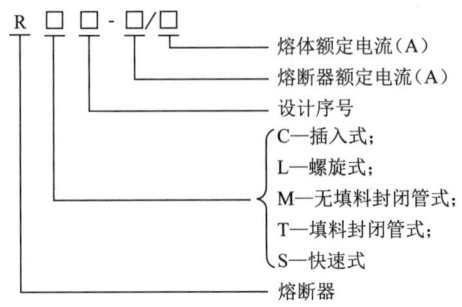

附表 2-53 RM10 系列低压熔断器的主要技术参数

型号	熔断器额定电压/V	熔断器额定电流/A	熔体额定电流等级/A	分断能力/kA
RM10-15	AC 500,380,220 DC 440,220	15	6,10,15	1.2
RM10-60		60	15,20,25,30,40,50,60	3.5
RM10-100		100	60,80,100	10
RM10-200		200	100,125,160,200	10
RM10-350		350	200,240,260,300,350	10
RM10-600		600	350,430,500,600	10
RM10-1000		1 000	600,700,850,1 000	12

附表 2-54 RT0 系列低压熔断器的主要技术参数

熔断器额定电流/A	熔体的额定电流/A	额定分断能力/kA	
		交流	直流
		380 V(有效值)	440 V
100	30,40,50,60,80,100	50	25
200	80,100,120,150,200		
400	150,200,250,300,350		
600	350,400,450,500,550,600		
1 000	500,600,700,800,900,1 000		

附表 2-55 RC1A 型插入式低压熔断器的主要技术参数

型号	熔管额定电压/V	熔管额定电流/A	熔体额定电流等级/A	额定分断能力/kA
RC1A-5	380	5	2,5	0.25
RC1A-10		10	2,4,6,10	0.5
RC1A-15		15	6,10,15	0.5
RC1A-30		30	20,25,30	1.5
RC1A-60		60	40,50,60	3
RC1A-100		100	80,100	3
RC1A-200		200	120,150,200	3

参考文献

[1] 中国航空工业规划设计研究院.工业与民用配电设计手册[M].北京:中国电力出版社,2005.

[2] 王艳松.电力工程[M].东营:中国石油大学出版社,2012.

[3] 翁双安.供配电工程设计指导[M].北京:机械工业出版社,2010.

[4] 刘介才.工厂供电设计指导[M].北京:机械工业出版社,2008.

[5] 刘振亚.国家电网公司配电工程典型设计:10 kV 配电分册[M].北京:中国电力出版社,2013.

[6] 谭金超,谭学知,谢晓丹.10 kV 配电工程设计手册[M].北京:中国电力出版社,2004.

[7] 高满茹.建筑配电与设计[M].北京:中国电力出版社,2010.

[8] 注册电气工程师执业资格考试复习指导教材编委会.注册电气工程师执业资格考试专业考试复习指导书(供配电专业)[M].北京:中国电力出版社,2007.

[9] 丁毓山,雷振山.中小型变电所实用设计手册[M].北京:水利水电出版社,2000.

[10] 孙成普.变电所及电力网设计与应用[M].2版.北京:中国电力出版社,2008.

[11] 李梅兰,李丽.发电厂变电所毕业设计指导书[M].北京:中国电力出版社,2008.

[12] 国网江苏省电力公司,镇江电力设计院有限公司.35 kV 及以下电力用户变电所典型设计[M].北京:中国电力出版社,2016.

[13] 中华人民共和国住房和城乡建设部.供配电系统设计规范:GB 50052—2009[S].北京:中国计划出版社,2010.

[14] 中华人民共和国住房和城乡建设部.20 kV 及以下变电所设计规范:GB 50053—2013[S].北京:中国计划出版社,2014.

[15] 中华人民共和国住房和城乡建设部,中华人民共和国国家质量监督检验检疫总局.35~110 kV 变电站设计规范:GB 50059—2011[S].北京:中国计划出版社,2012.

[16] 中华人民共和国住房和城乡建设部.110(66)~220 kV 智能变电站设计规范:GB/T 51072—2014[S].中国计划出版社,2015.